2022年度湖南省教育厅科学研究项目《基于神经机器翻译技术的博物馆翻译资源与平台建设》（编号KR0022023）

儿童科普文体翻译

Translation of Popular Science for Children

本书编写组

中南大學出版社
www.csupress.com.cn
·长沙·

前言

随着近三十年来儿童产业的崛起与发展，我国儿童文学翻译呈现出一片欣欣向荣的景象，学者从语言学理论、文学理论、翻译理论和文化学理论等不同视角对儿童文学文体翻译展开研究，扩展了该领域的研究范式和方法并取得了丰富的研究成果。

相对于儿童文学文体翻译研究的繁荣景象，我国儿童科普文体翻译研究却仍处于起步状态。科普文体翻译是自我国第四次翻译浪潮(以外译汉为主)以来的重要翻译现象，然而科普文体翻译研究却并不深入，究其原因主要在于望字生义认为科普之“普”必然简单进而认为科普文体翻译容易，但其实科普著作的文学性、趣味性、科学性和通俗性都能形成翻译的陷阱，给翻译带来困难，其难度并不亚于任何文学文体作品。

为正本清源，让译界(包括翻译学界)正确认识科普文体翻译，必须对科普文体进行全面深入的分析，对科普文、科普漫画、科普视频等不同体裁的文体特征进行辨析，并基于不同的文体特征对科普翻译策略进行研究才能更好地开展科普文本的翻译实践与研究。

但就目前研究现状来看，儿童科普文体翻译研究水准比较有限，研究的范围不够广，从事此领域研究的学者不足，尤其缺少有分量的学者的研究和关注。由此不难判定，儿童科普文体研究还有大量的学术空白点有待学者们展开扎实的研究。尤其是在儿童科普博物馆翻译、儿童科普漫画翻译、儿童科普视听翻译等新兴翻译业务领域，特别需要加强相关翻译研究。

针对我国儿童产业发展的需求和儿童科普文体翻译研究的不足，我们特撰写了《儿童科普文体翻译》一书，其中前三章为不同年龄阶段的儿童科普文特点及翻译，由李若兰、卿子晔两位作者共同完成；第四章和第五章为儿童科普博物馆的说明牌和解说词文体特点及翻译，此部分研究成果来自于湖南省教育厅科学研究项目《基于神经机器翻译技术的博物馆翻译资源与平台建设》的相关研究，由李若兰负责撰写；第六章儿童科普动画字幕特点及翻译和第九章儿童科普短视频特点及翻译由卿子晔负责撰写；第七章儿童科普动画配音特点及翻译和第八章儿童科普漫画特点及翻译由李若兰完成。

与此同时，考虑到翻译技术对于翻译实践与翻译研究的重要性，本书作者还在每章安排了翻译技术介绍，涵盖网络搜索、语料库检索、机器翻译、机器翻译译后编辑、字幕软件和配音软件等内容，以期帮助读者了解、学习和运用翻译技术更好地开展翻译实践与研究。

本书可供广大翻译专业学习者、翻译研究者和语言服务行业从业人员使用，特别是从事服务儿童产业的翻译人才。本书例证采用对比分析等方法，能够为学习和研究儿童领域多种类型文本的文体特征和翻译策略提供参考。

另一方面，本书还可供需要进行国际交流的科普人才使用。新时代科学普及在提升全球科学共识、应对全球性挑战、推进全球可持续发展和建设人类命运共同体方面的作用日趋重要，科普人才应积极拓展国际视野，不断提升国际对话与跨文化沟通的能力。本书从儿童读者的特殊性出发为如何进行科普小品、科普说明文、科普场馆解说词、科普漫画、科普视频等多种体裁与媒介的科普翻译提供了策略、方法和案例。

在本书的著作过程中作者查阅并参考了许多专著、大作，其中主要的参考文献已列书后，衷心感谢研究者们的辛勤劳动和研究成果。本书作者在写作过程中还得到了众多译界学者和科普工作者的关心、帮助和支持，在此一并表示感谢！

本人所任职长沙师范学院见证了我个人的成长，学校特别是外国语学院各级领导、同事也对我的教学、科研以及访学提供了大量帮助。

本书最后的文字校定是由中南大学出版社刘锦伟编辑认真完成的，感谢她的鼎力相助。

本书作为2022年度湖南省教育厅科学研究项目《基于神经机器翻译技术的博物馆翻译资源与平台建设》(编号 KR0022023)的研究成果，要感谢湖南省教育厅对本研究课题的慷慨资助。

由于编者水平有限，再加之时间仓促，书中难免存在错误与不足之处，衷心希望广大读者和专家、学者能够不吝赐教，批评指正，对本书提出宝贵意见，以便我们在今后的研究中改进完善。

李若兰

2023年11月

目录

第一章

儿童科普文(3—6岁)特点及翻译

第十二次中国公民科学素质抽样调查结果显示，2022年我国公民具备科学素质的比例达12.93%，比2020年的10.56%提高了2.37个百分点。公民科学素质水平持续快速提升，为我国向创新型国家前列迈进提供坚实人才支撑①。我国公民具备科学素质比例逐年上升，为我国建设科技大国、科技强国贡献坚强人才储备，而科普教育事业与我国公民科学素质提升息息相关。2022年9月4日，中共中央办公厅、国务院办公厅印发的《关于新时代进一步加强科学技术文献普及工作的意见》②指出，党的十八大以来，我国科普事业蓬勃发展，公民科学素质快速提高，同时还存在对科普工作重要性认识不到位、落实科学普及与科技创新同等重要的制度安排尚不完善、高质量科普产品和服务供给不足、网络伪科普流传等问题。由此来看，我国科普教育事业依然任重道远，科普文作为较传统的科学普及形式往往身负其责，目前国内科普文创作蒸蒸日上，与此同时国外科普文引进量也不减其势。随着我国迈入"科普大国"，作为新时代译者的我们在引入国外作品的同时，也应该利用自身技能助力我国优秀科普作品走出去。如何把握科普文章的质量以使其更好地为我国公民服务，如何从文字信息层面提升公民对科学知识的理解从而加强其科学素养，是我们应该斟酌思考的方向。

科普作品(popular science works)是"普及科学知识，倡导科学方法，传播科学思想弘扬科学精神"(郭建中，2007)的文本。就题材而言，科普作品可分为自然科学与技术类科普作品和社会科学类科普作品；就体裁而言，可分为科普

① https://www.gov.cn/yaowen/liebiao/202309/content_6901485.htm

② https://www.gov.cn/zhengce/2022-09/04/content_5708260.htm

散文、科学小品文、科技资讯；就篇幅而言，可分为科普文章和科普图书；就读者年龄层而言，可分为儿童科普作品、青少年科普作品和成人科普作品；就内容深浅而言，可分为一般科普作品、中级科普作品和高级科普作品三个层次（郭建中，2004）。根据国家统计局、联合国儿童基金和联合国人口基金联合发布的《2020年中国儿童人口状况：事实与数据》①及教育部《3—6岁儿童学习与发展指南》②中对儿童年龄阶段的划分，本书将儿童的年龄阶段划分为3—6岁、7—11岁及12—17岁，考虑到儿童具有发展性，各个年龄段对科普知识的需求不同、阅读习惯亦有不同，因此本书将在必要时分阶段对儿童科普读物及其翻译进行剖析。

一、3—6岁儿童特点

3—6岁的儿童属于学前儿童，在这一时期儿童身体快速成长、认知能力提升、语言和社交技能不断发展，主要表现为协调性和运动技能显著增强，对世界物质拥有一定概念，逐步具备想象力和创造力，情感表达更加丰富，并开始理解团体游戏和合作的意义。对于该年龄阶段的儿童，科普教育尤其重要。该类儿童正处于认知发展的关键阶段，对周围世界充满好奇，渴望探索和学习。科普教育能有效激发其学习动机，建立基本科学知识储备，强化其认知水平。

推广科普教育固然重要，针对特定群体推广适宜的科普教育方能事半功倍。根据不同年龄阶段的儿童的特点，科普作品创作者选择普及的科学知识、科普形式皆不同，会有所不同，对于较为年幼、生活知识尚且空白的幼儿，科普作品多选择日常生活中出现的物体进行介绍，如《幼儿认知小百科》和 *Brown Bear*, *Brown Bear*, *What Do You See* 等，其中主要文本形式为名词与名词短语罗列。对于年龄稍大一点儿的儿童，科普作品会使用短句，一般是简单的陈述句、祈使句、感叹句或问句，题材从介绍日常用品延伸到对儿童的生活习惯进行指导、对某件事情的过程进行简单描述等，如《肥皂侠洗手大作战》、*Duck & Goose* 等。对于年龄更大一点儿的儿童，科普知识涉猎范围更广，题材更新颖，句子结构更复杂，表达形式也更多样。翻译作为第二次创作，译者在进行儿童科普翻译前须准确把握对应年龄阶段的儿童的科学概念水平与要求，了解其思维支

---

① https://www.stats.gov.cn/zs/tjwh/tjkw/tjzl/202304/P020230419425666818737.pdf

② http://www.moe.gov.cn/jyb_xwfb/xw_zt/moe_357/jyzt_2015nztzl/xueqianjiaoyu/yaowen/202104/t20210416_526630.html

持何种水平的词句理解与使用，最后结合其认知与思维发展水平创作出适合目标儿童年龄阶段的科普译文。

1. 科学概念水平与要求

教育部印发的《3—6 岁儿童学习与发展指南》分别对 3—4 岁、4—5 岁、5—6 岁三个年龄段儿童需要知道什么、能够做到什么、大致发展水平提出了合理期望。针对其阅读习惯，表 1-1 指出，3—6 岁儿童表现为喜欢听故事、看图书。其中 3—4 岁的儿童尤其需要成人讲故事、读图书，4—5 岁开始有分享自己听过的故事和看过图书的行为，而 5—6 岁的孩子更是喜欢与他人一起谈论图书内容。因此 3—6 岁儿童的科普作品需要具备较强的可阅读性，科普翻译需注重对拟声词、声音节奏的把握。

表 1-1　喜欢听故事，看图书①

3—4 岁	4—5 岁	5—6 岁
1. 经常主动要求成人讲故事、读图书 2. 喜欢跟读韵律感强的儿歌、童谣 3. 爱护图书，不乱撕乱扔	1. 经常反复看自己喜欢的图书 2. 喜欢把听过的故事或看过的图书讲给别人听 3. 对生活中常见的标识、符号感兴趣，知道它们表示一定的意义	1. 经常专注地阅读图书 2. 喜欢与他人一起谈论图书和故事的有关内容 3. 在阅读图书和生活情境中对文字符号感兴趣，知道文字表示一定的意义

表 1-2 指出，3—6 岁儿童具有初步的阅读理解能力。3—4 岁儿童主要能理解科普作品的图画欲表达的含义，且能够理解图书上的文字是和画面对应的，是用来表达画面意义的；4—5 岁儿童则具备一定文本概括能力和图片为主的逻辑思考能力，并会对作品产生相应的共情；5—6 岁儿童具备更强文本概括能力，展现出一定的创造力，逐渐开始理解语言的美感。因此 3—6 岁儿童科普作品语言不可过于晦涩，需采用理解简单的、情感直白的语言以契合儿童的认知水平，因此儿童科普翻译同样要避免难懂的词汇与结构，在此基础上稍微采用具有一定美感的句子以提升文本的美学价值。

① http://www.moe.gov.cn/jyb_xwfb/xw_zt/moe_357/jyzt_2015nztzl/xueqianjiaoyu/yaowen/202104/t20210416_526630.html

表 1-2 具有初步的阅读理解能力①

3—4 岁	4—5 岁	5—6 岁
1. 能听懂短小的儿歌或故事 2. 会看画面，能根据画面说出图中有什么，发生了什么事等 3. 能理解图书上的文字是和画面对应的，是用来表达画面意义的	1. 能大体讲出所听故事的主要内容 2. 能根据连续画面提供的信息，大致说出故事的情节 3. 能随着作品的展开产生喜悦、担忧等相应的情绪反应，体会作品所表达的情绪情感	1. 能说出所阅读的幼儿文学作品的主要内容 2. 能根据故事的部分情节或图书画面的线索猜想故事情节的发展，或续编、创编故事 3. 对看过的图书、听过的故事能说出自己的看法 4. 能初步感受文学语言的美

表 1-3 展示了 3—6 岁的儿童对自然和探索的态度，3—4 岁的孩子会对很多事物和现象感兴趣，兴趣是儿童最强大的学习动机；4—5 岁的孩子喜欢认识新事物，开始动手动脑去探索物体和材料；5—6 岁的孩子会为自己的疑问寻找答案，并且当自己有所发现时会兴奋和满足。科普作品中常常会使用各种问句、提出新概念引起儿童的好奇心理，因此在科普翻译时，译者也可考虑儿童对探索问题的需求，可以适当进行编译，对原文中儿童读者可能不理解的概念进行解释性翻译或创造性翻译，降低儿童读者在探索文本中产生的阅读障碍，增加科普文本传播的有效性。

表 1-3 亲近自然，喜欢探究②

3—4 岁	4—5 岁	5—6 岁
1. 喜欢接触大自然，对周围的很多事物和现象感兴趣 2. 经常问各种问题，或好奇地摆弄物品	1. 喜欢接触新事物，经常问一些与新事物有关的问题 2. 常常动手动脑探索物体和材料，并乐在其中	1. 对自己感兴趣的问题总是刨根问底 2. 能经常动手动脑寻找问题的答案 3. 探索中有所发现时感到兴奋和满足

① http://www. moe. gov. cn/jyb _ xwfb/xw _ zt/moe _ 357/jyzt _ 2015nztzl/xueqianjiaoyu/yaowen/202104/t20210416_526630. html

② http://www. moe. gov. cn/jyb _ xwfb/xw _ zt/moe _ 357/jyzt _ 2015nztzl/xueqianjiaoyu/yaowen/202104/t20210416_526630. html

表1-4体现了3—6岁儿童的初步探究能力。3—4岁儿童善于采用多种感官或动作去探索物体；4—5岁儿童则能够比较事物现象的相同与不同，针对观察结果能提出问题并给予回答，能收集简单已知信息并做记录；5—6岁儿童则已经能理解事物变化，对知识的理解逐渐从思考走向实践。因此儿童科普作品在阐述某个现象或介绍某个物体时会具备严谨的科学性，且采用互动性表达使儿童参与到文本中来。儿童科普翻译要求译者具有整体性思维，将原文严谨的科学知识与逻辑还原，并保证原文的互动性在译文中得到再现。

表1-4　具有初步的探究能力①

3—4岁	4—5岁	5—6岁
1. 对感兴趣的事物能仔细观察，发现其明显特征 2. 能用多种感官或动作去探索物体，关注动作所产生的结果	1. 能对事物或现象进行观察比较，发现其相同与不同 2. 能根据观察结果提出问题，并大胆猜测答案 3. 能通过简单的调查收集信息 4. 能用图画或其他符号进行记录	1. 能通过观察、比较与分析，发现并描述不同种类物体的特征或某个事物前后的变化 2. 能用一定的方法验证自己的猜测 3. 在成人的帮助下能制订简单的调查计划并执行 4. 能用数字、图画、图表或其他符号记录 5. 探究中能与他人合作与交流

表1-5展现了3—6岁的儿童的科学概念水平随着年龄增长而不断升高，积累一定经验后其思维能力得到增强，因此儿童对事物从单纯的感性认识逐渐上升到理性认识，对科学概念的理解水平逐步提升。3—4岁的孩子主要能够对科学事实进行描述，4—5岁的孩子开始理解什么是科学概念，而5—6岁的孩子已经能够探索事实背后存在的原理。针对3—6岁儿童读者，科普作品所普及的知识往往会符合儿童认知特点，因此儿童科普翻译需要保证原文中科学知识的准确传递，用明晰的语言传递原文内容。

① http://www.moe.gov.cn/jyb_xwfb/xw_zt/moe_357/jyzt_2015nztzl/xueqianjiaoyu/yaowen/202104/t20210416_526630.html

表 1-5　在探究中认识周围事物和现象①

3—4 岁	4—5 岁	5—6 岁
1. 认识常见的动植物，能注意并发现周围的动植物是多种多样的 2. 能感知和发现物体和材料的软硬、光滑和粗糙等特性 3. 能感知和体验天气对自己生活和活动的影响 4. 初步了解和体会动植物对人类的贡献	1. 能感知和发现动植物的生长变化及其基本条件 2. 能感知和发现常见材料的溶解、传热等性质或用途 3. 能感知和发现简单物理现象，如物体形态或位置变化等 4. 能感知和发现不同季节的特点，体验季节对动植物和人的影响 5. 初步感知常用科技产品与自己生活的关系，知道科技产品有利也有弊	1. 能察觉到动植物的外形特征、习性与生存环境的适应关系 2. 能发现常见物体的结构与功能之间的关系 3. 探索并发现常见的物理现象产生的条件或影响因素，如影子、沉浮等 4. 感知并了解季节变化的周期性，知道变化的顺序 5. 初步了解人们的生活与自然环境的密切关系，知道尊重和珍惜生命，保护环境

图 1-1 是 3—6 岁儿童科学概念形成水平和状态，横坐标是儿童科学概念形成的三种状态：错误概念、不完整的理解和正确概念；纵坐标是四个水平由低到高(吕萍，2015)。阿瑟 · A. 卡琳等学者认为，“科学知识是人类建构起来的，可以用来描述、预测和解释各种自然现象。在教科学时，将科学知识分成两类有利于理解：一类是事实性知识，一类是概念性知识(概念、原理和模型)。事实性知识是对可观察的物体和事件的客观、确定的陈述；概念性知识有三种：概念——在已有经验基础上将新的经验进行组织形成一定的观点，每一个概念中都包含着具有相同特征的一类事物；原理——是对概念间关系的概括；理论——用于解释事实、概念、原理、假说等的系统结论。(阿瑟 · A. 卡琳等，2008：26-28)”根据该图可知，儿童具有典型的“事实选择性”，将那些简单的、典型的事实描述出来，而不是我们肉眼辨认不出来的事实(吕萍，2015)。3—6 岁的儿童主要是直观思维并以自我为中心的，他们认为，自己能看到或感觉到某物，那么这个事物就是真实存在的。且该年龄阶段的儿童生活经验有限，对世界的理解主要依赖于直接的感官体验，往往会认为自己的感受与观察代表了全部事实。这也对科普翻译中科学知识的准确性提出更高的要求，儿童在生活中分辨事实的能力较弱，科普读物能为他们提供另一个窗口去认识世

① http://www.moe.gov.cn/jyb_xwfb/xw_zt/moe_357/jyzt_2015nztzl/xueqianjiaoyu/yaowen/202104/t20210416_526630.html

界。然而部分科普作品在创作中对某些科学事实或概念的表述可能模糊有误，译者需要将事实阐明，而不能含糊不清。

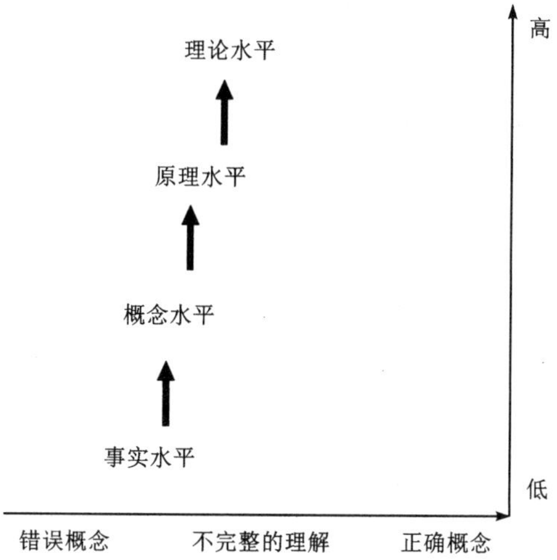

图 1-1　3—6 岁儿童科学概念形成水平和状态

2. 词句理解与使用

3—6 岁的儿童语言能力快速增长，从使用简单的词汇逐渐过渡到更复杂的语言结构。3—4 岁的儿童能够理解和使用生活中的常用词汇，能够构造简单的句子(如主谓句)，可以使用简单的时态(如现在时)和一些语法结构；4—5 岁儿童开始理解和使用较复杂的词汇，如形容词和副词，能够使用较复杂的句子结构，包括连词(如“和”“但是”)，开始掌握基本的语法规则；5—6 岁的儿童词汇量进一步增加，能够理解更抽象的语言表达，其句子表述更加复杂和完整，能够使用不同的时态以及更复杂的语法结构。

4—5 岁儿童已能和成人自由交谈，但对一些结构复杂的句子，如被动语态句(珍珍被小明推)和双重否定句(小朋友没有一个不来)则还不能很好地理解。儿童到 6 岁时才能较好地理解常见的被动语态句，11 岁时对各种类型的被动句都能理解。儿童 4 岁前已经能理解简单的否定句，但对基本的双重否定句则要到六七岁才能理解。随着双重否定句的句法语义复杂性的增加，理解的年龄还要延后(刘金花，2013：138)。

儿童词类与句类掌握特点与年龄段情况详见表 1-6 和表 1-7。

表 1-6　儿童不同年龄段词类掌握情况

词类	年龄段	特点
形容词	3—4 岁	• 倾向于以为是物体的名称，而非特征；慢慢将其与物体特征建立联系 • 较难理解复杂特征(老和年轻)，更能理解单一特征(大和小) • 多使用单音节(红、小)和一般双音节(漂亮、干净)这种简单形容词，而难掌握复杂形容词(如乌漆嘛黑) • 容易发生不同维度形容词的混淆
	4—5 岁	• 能将物体与特征联系在一起 • 逐步理解复杂特征 • 逐步理解复杂形容词 • 容易发生不同维度形容词的混淆
	5—6 岁	• 能明白形容词是物体的特征 • 能理解复杂特征 • 能理解复杂形容词 • 慢慢避免发生不同维度形容词的混淆
人称代词	3—5 岁	参照点转换后可能发生误解
量词	3—4 岁	• 仅能使用少量高频量词，如“个”“只” • 不注意名词与量词的搭配
	4—5 岁	• 能使用更多的量词 • 注意到量词与名词的搭配，但容易出错
	5—6 岁	• 能根据事物类别选择量词 • 能注意量词的搭配，错误减少但仍然存在

表 1-7　儿童不同年龄段句类掌握情况

句类	年龄段	特点
不完整句	3—4 岁	经常出现
	4—5 岁	偶尔出现
	5—6 岁	较少出现
简单句	3—4 岁	掌握结构完整而有修饰语的简单句
	4—5 岁	掌握结构完整而有复杂修饰语的简单句
	5—6 岁	使用复杂修饰语能力显著增强

续表1-7

句类	年龄段	特点
复句	3—4岁	• 掌握极少复句 • 结构松散，使用极少数连词
	4—5岁	• 能理解并列复句 • 连词丰富性增加
	5—6岁	• 能理解递进复句 • 不能理解选择、让步复句

3. 认知发展与思维

皮亚杰提出的认知发展阶段理论划分了儿童认知发展年龄阶段，认为儿童在不同年龄阶段具有不同认知特点。这与儿童翻译对于读者的考虑不谋而合。认知发展阶段理论能帮助译者更好地理解目标年龄群的儿童的认知能力和需求，创作出更适合儿童的科普绘本。主要内容见表1-8。

表1-8　皮亚杰认知发展阶段理论

年龄	阶段	主要图式	主要的发展
0—2岁	感知运动阶段	婴儿使用感知和运动来探索环境并获得关于环境的基本知识。在刚刚出生时，他们只能做一些简单的反射活动；到了感知运动阶段的后期，他们能够做一些较复杂的协调动作	获得关于“自己”和“客体”的基本概念。知道即使自己看不到某样东西，它仍然是存在着的(即“客体永久性”)。开始内化一些能够产生表象和思维活动的行为图式
2—7岁	前运算阶段	儿童凭借表象来进行思维，并开始使用符号来表现和理解环境中的事物。能够根据物体和事物的不同性质来对它们做出不同的反应。他们的思维有着明显的自我中心的特点，认为别人所看到的世界与他们所看到的完全一样。没有守恒概念。当注意力集中在问题的某一个方面时，不能同时将注意力转移到其他方面	在游戏活动中，儿童开始表现出想象力，能够进行一些象征性的活动或游戏

续表1-8

年龄	阶段	主要图式	主要的发展
7—11 岁	具体运算阶段	儿童开始获得并使用认知操作，可以在头脑中进行一些逻辑思维活动。在这个阶段，他们开始能够完成一些在上一阶段不能完成的任务并逐渐克服了自我中心	儿童不再被事物的表面特征迷惑。他们逐渐了解日常生活中的一些物体和事件所具有的特性和它们之间的相互联系。获得了守恒概念，能够进行比较、分类、间接推理等逻辑运算
11 岁之后	形式运算阶段	能够进行相当抽象、系统的思维活动	思维不再局限于具体可观察的范围。可以进行命题运算，能够离开具体事物，根据假设来进行逻辑推演

二、3—6 岁儿童科普文特点

3—6 岁儿童尚未接受系统文字教育与思维训练，对于此类学龄前儿童而言，图画是其从文本中获取信息的主要形式。绘本作为 3—6 岁儿童科普读物的主要形式，是将一系列连贯的图画和相对较少的文字（或无字）结合在一起来传达信息和叙事的儿童书（Nodelman P.，1988）。在儿童科普绘本中，科学知识是第一位的。郭建中（2004）指出，科普著作具有四大特点，即科学性、文学性、通俗性和趣味性。因此本节从科学性、文学性、通俗性与趣味性四大维度来探索儿童科普读物的特点。

1. 科学性

国务院印发的《中国儿童发展纲要（2021—2030 年）》①指出，我们应提高儿童科学素质。实施未成年人科学素质提升行动。将弘扬科学精神贯穿教育全过程，开展学前科学启蒙教育，提高学校科学教育质量，完善课程标准和课程体系，丰富课程资源，激发学生求知欲和想象力，培养儿童的创新精神和实践能力，鼓励有创新潜质的学生个性化发展。3—6 岁是儿童提高科学素质的关键时期，科普绘本往往会以阐释某一自然现象、介绍某一物体作为主题，以寓教于乐的方式传递相应科学知识。科技部发布的《中国科普统计（2022 年版）》将

① http://www.gswomen.org.cn/upload/5/cms/content/editor/1648003368200.pdf

科普图书定义为“以非专业人员为阅读对象，以普及科学知识、倡导科学方法、传播科学思想、弘扬科学精神为目的，并在新闻出版机构登记、有正式书号的科技类图书”(中华人民共和国科学技术部，2023)。科普作品旨在传播科学技术知识，其科学性自然是第一要素。

以3—6岁儿童为目标读者的科普绘本往往不会涉及抽象难懂的科学概念或原理，而是涵盖广泛主题，旨在引导孩子探索自然界、理解身边的现象，培养其好奇心与观察力。科普绘本可能涉及基础的自然科学概念(如天气、季节、植物和动物)，例如《这是什么呀(天气系列)》《七彩下雨天》《四季之旅》《自然之树》等，此类科普绘本能帮助孩子理解周围环境的变化，初步认识自然界。生活中的物理知识(如重力、运动和声音等)也会成为该年龄阶段绘本的常用题材，例如，一本关于重力的绘本可能以冒险故事为背景，引导孩子思考为什么物体会掉落，以及地球是如何吸引物体的。此外，为培养孩子的形象思维与逻辑思维，科普绘本也涉及基本的数学概念，比如计数、形状和测量，这些主题往往具有应用性，能引导孩子在日常生活中使用并内化知识。生活科学，包括日常生活中的健康、饮食和清洁等方面也是3—6岁儿童科普绘本的常用题材。这有助于培养儿童良好的生活习惯和树立基本的健康意识。通过可视化的插图和简单的解释，这些绘本向孩子们传递有关食物、锻炼和个人卫生的基本知识，以促使他们养成积极的生活方式。

科学性是科普绘本的第一位，科普绘本对于3—6岁儿童的科学教育有重要科学价值，不仅可以满足孩子的好奇心和探索欲，还能为其认知发展积累丰富的科学知识。通过引导孩子观察自然界、理解科学现象，培养他们观察和思考的习惯，带领他们提出问题、寻找答案，培养其独立思考和解决问题的能力。3—6岁的孩子正处于认知发展的关键时期，科普绘本通过简单易懂的方式向其介绍自然界、物理现象和数学概念等科学知识，为其未来学习奠定基础。这种早期的科学启蒙有助于孩子们在往后能更好理解和掌握更复杂的科学知识。此外，科普绘本还能促进儿童的德育，通过培养孩子对社会责任的认识，引导其形成积极的生活态度。

2. 文学性

绘本以图片为主，文字为辅，考虑到3—6岁儿童的认知水平和知识积累，该阶段科普绘本往往采用少量文字甚至不采用文字形式呈现，因此该阶段儿童科普绘本的文学性相较于其他三个性质并不突出。然而文学性依然是科普绘本较为典型的特性，绘本往往采用简单生动的修辞美化语言，使文本更具鉴赏性，在儿童可接受的范围内进一步培养儿童审美能力。文学性多体现在人文与自然等欣赏性较强的科普绘本中，作者通过环境渲染、细节铺陈、语言修辞等手段对某现象或某事物进行描写，旨在提升文本的可阅读性。

【例 1】The sun came out and the snow began to melt.

Our snowman got smaller and smaller.

The rain came down and more snow melted.

Our snowman got smaller and smaller.

例 1 主要讲述雪人在日光下遇热融化的科学现象。本文用四行字描写了雪人融化的过程，并采用了重复的修辞手法，将“Our snowman got smaller and smaller”一句前后重复。通过在文本中反复使用相同的词、句或情节，强调某个意义或情感，达到强化表达的效果。重复除了能帮助儿童记忆和理解故事中的重要信息，还能帮助儿童建立阅读的节奏感，为绘本赋予了独特的文学魅力，更容易引起儿童的兴趣和共鸣。

【例 2】她们在呼唤一只蝴蝶，

请蝴蝶落下来歇一歇。

例 2 主要介绍了蝴蝶为花授粉的科学现象，文段以花朵为视角去观察、描述这个世界。在绘本中，作为花朵的她们能“呼唤”蝴蝶。这种拟人的修辞手法通过赋予非人物或抽象事物人类特征和行为，使其具备人类的感知、情感和行动能力，使科普绘本更加生动形象，具备美学色彩，激发读者的情感共鸣。

3. 通俗性

科普文本旨在普及科学知识，因此主要会采用对应读者可理解的语言进行创作。科普绘本编写过程中，如何使用更加通俗易懂的文字表达专业的内容成为绘本文字创作者必须面对的挑战（吴柯言、冯斌，2023）。考虑到 3—6 岁儿童群体的认知水平和知识积累，为避免儿童理解障碍，儿童科普绘本往往会使用适宜 3—6 岁儿童群体的语言进行创作，表达偏向口语化，就好像在与儿童面对面对话那样十分具有通俗性，且句子较短，句式简单易懂，整体表达清晰，便于儿童理解与接受。如此，科普绘本才能在儿童认知空白中建立知识的据点。但追求通俗性的同时，科普绘本也会尽量避免“低智化”而丧失其教育性。

【例 1】原来，在霉菌成为一个叫人头疼的大块头之前，它是一粒很小的小孢子呢！很小，很小，就像这样——

例 1 主要介绍霉菌的来源，霉菌最初只是一粒小孢子，随着时间变化慢慢长成了大块菌落，这样一个过程如果只是平铺直叙按照书面化的语言介绍的话，儿童很可能觉得枯燥无味，会丧失阅读兴趣，从而导致科普传播接受失败。因此绘本倾向于采用十分口语化的语言，如“在霉菌成为一个叫人头疼的大块头之前，它是一粒很小的小孢子呢！”这是儿童十分熟悉的表达方式，它拉近了文本与读者之间的距离，能让儿童更加容易接受科学知识。

【例2】The volcano is erupting!

Sometimes, magma EXPLODES out of the ground with a big bang.

Sometimes, it just flows out gently.

Once it has come out,

The melted rock is called lava.

It's hot. REALLY hot!

Hotter than a boiling kettle.

Hotter than a roasting oven.

例2介绍了火山喷发这一科学现象。全文基本上都使用了简单句，还使用了部分成分缺失的句子如“Hotter than a boiling kettle. Hotter than a roasting oven.”，省略句子成分是口语的一大特征，使用口语更加符合儿童的理解能力，能避免正式的书面语造成儿童失去兴趣的问题。除此之外，原文“magma EXPLODES out of the ground”“It's hot. REALLY hot!”中都采用了大写全拼，仿佛是有人在为他们讲故事，而大写的单词则加上了重音。这种通俗性的表达旨在为儿童提供轻松愉快的科学学习体验，培养他们的科学兴趣。

【例3】扁桃体保卫着我们的气管和食道。

当有太多的坏细菌想要闯入的时候，

扁桃体就必须跟它们战斗，

这样我们的喉咙就开始疼了。

例3介绍了扁桃体为什么会发炎这一科觉现象。绘本通过口语化的语言风格，更贴近日常对话，用简单易懂、生动有趣的语言来传达科学知识；更贴近孩子的日常表达方式，易于其理解和接受。扁桃体炎一般由普通病毒或细菌引起，而文中“坏细菌”指化脓性链球菌等造成感染的细菌，考虑到儿童的理解能力与认知储备，绘本并未直书“某某菌”，只是笼统地将其称为“坏细菌”，建构了孩子对生理卫生安全的底层逻辑。

4. 趣味性

科普绘本的趣味性体现在文本内和文本外两个方面。文本内的趣味性集中于文字和叙述的形式，包括采用押韵、叠词、拟声词等创造趣味的修辞方式。除了书籍本身的文字和插图，科普绘本还会在文本装帧设计上花心思，紧密贴合儿童身心发育规律的构思和绘制，使得绘本的形象和主题更符合儿童心理特征，让儿童读者觉得亲切、有吸引力，并在此基础上自觉沉浸到绘本构筑的情境中(孙立, 2019), 使儿童科普绘本具备读者互动性和知识延伸性, 促进读者对科学知识的理解和探索。

4.1 文本内的趣味性

科普绘本用简单生动的语言表达增加读者的阅读兴趣, 此为文本内的趣味性。选择性注意决定读者只关注自己感兴趣的东西或者认为有"意义"的东西(周子渊, 2017)。科普绘本可能采用押韵、使用叠词、妙用拟声词等方式实现文本内的趣味性, 以此维持读者的阅读注意力。

【例 1】 The weather helps us know
what to wear, and do, and grow.
It brings rain, wind, and sun.
Let's go outside for some fun!

例 1 介绍了有关天气的科普知识。其中第一句末尾"know"与第二句末尾"grow"押韵, 第三句末尾"sun"与第四句末尾"fun"押韵, 且音节第一组(1、2 句)和第二组(3、4 句)音节相同, 节奏一致, 读起来朗朗上口, 使文本具备可朗读性。作为一种丰富语言表达的手段, 尾韵不仅使作品更具音乐感和韵律感, 还能够使儿童绘本更具趣味性。

【例 2】 奶瓶里装的是香香的牛奶。
冰箱里装的是好吃的食物。
小猪存钱罐里装着的是满满的零钱。
那我们小小的身体里,
都装着些什么呢?

例 2 是一本关于介绍自己身体的科普绘本的开头一段, 文中使用了"香香""满满""小小"等叠词, 叠词不仅能增添语言的节奏感, 使文字更富有韵律, 引发读者的兴趣, 还能增强描绘物体的形象感, 使抽象科学概念更具体, 更易为读者所接受。另外, 使用叠词可以打破语言的单调性, 增添趣味性, 使阅读过程更加轻松愉快, 激发读者对科学的好奇心。因此在科普绘本中巧妙地运用叠词, 能使语言更生动有趣, 还有助于提高读者对科学知识的理解和记忆。

【例 3】 咚! 咚! 咚! 请问你是谁?
嗨! 我是紫色的地瓜。
咚! 咚! 咚! 请问你是谁?
嗨! 我是土黄色的马铃薯。

例 3 主要介绍了根茎类植物的科普知识。其中拟声词"咚! 咚! 咚!"模拟了敲门的声音, 让读者感觉自己在敲门探索未知的事物, 随后的问答也让文本充满互动感。通过模拟自然声音或动作，拟声词使描述更具体直观，能激发读者的感官体验。运用拟声词还能营造氛围，让绘本更具趣味性，帮助读者更好地融入故事情境。

4.2　文本外的趣味性

除了文本内的趣味性，儿童科普绘本在书本设计上也颇具特点。由于其受众是3—6岁儿童群体，其阅读情景呈现多样化，包括自主阅读、伴读以及群体阅读等，为了更好地迎合其认知发展、成长心理和行为特征，科普绘本书籍往往融合有趣的互动元素，允许儿童在阅读过程中以不同方式参与。因此科普绘本往往结合儿童心理学、设计、教育等相关学科理论进行文本外的展示设计，主要体现在绘本的文体格式和游戏性设计上。

如图1-2，例1源自《宝宝的光学》科普绘本，该绘本目标读者为低幼期儿童，此时儿童处于认识世界、辨认色彩的阶段，文章巧妙使用颜色和图形，使用统一颜色文字对应图片内存在的颜色，能使小读者们了解不同颜色。与此同时图像的存在还潜移默化地为读者普及了圆形是什么样子、电灯会产生光、光射到物体上会产生影子等知识，十分具备趣味性。

【例1】

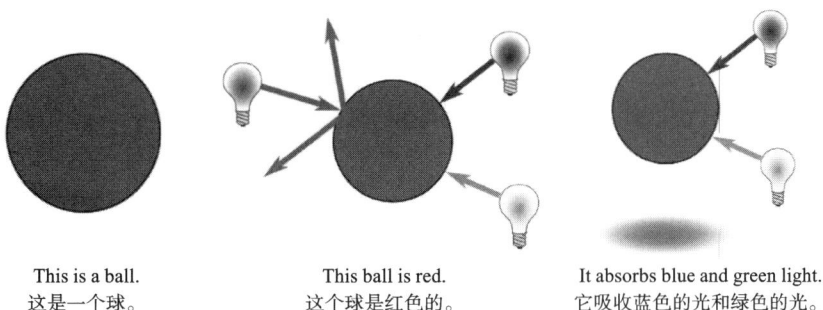

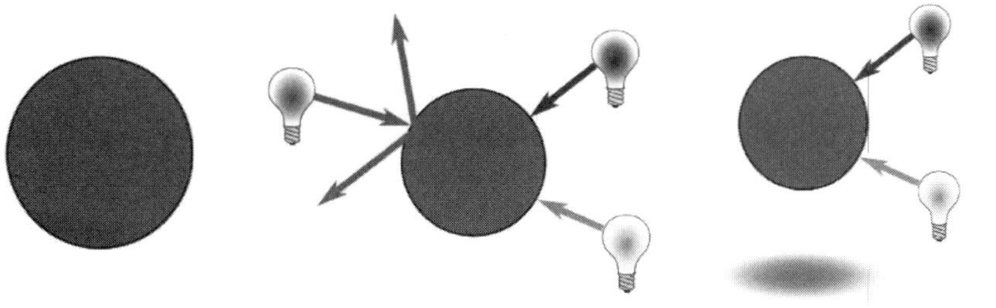

This is a ball.
这是一个球。
This ball is red.
这个球是红色的。
It absorbs blue and green light.
它吸收蓝色的光和绿色的光。

图1-2　《宝宝的光学》插图

如图1-3，该绘本采用了立体页、拉拉页、滑轨、转盘等具有互动趣味性的装帧设计，立体页翻开后是人物的下一段对话，或解释科学原理；而拉拉页则是结合绘本内容需求对人物可能运动的轨迹做了抽拉设计，儿童能控制人物运动，由此将自己代入文本之中；而滑轨则是对特定情景(如滑梯)下人物的运动模式进行模拟，让儿童能参与角色的行为，最后的转盘亦是同理。如今的儿童科普绘本在装帧设计上亦是花样百出，种类数不胜数。

【例 2】

图 1-3　儿童科普绘本趣味装帧设计

三、儿童科普文(3—6 岁)翻译

3—6 岁的儿童处于认知快速发展期，他们对周围世界充满好奇心。科普文作为一种知识传递的媒介，能够满足儿童天生的好奇心和探索欲，培养其观察力和逻辑思维能力；作为一种阅读材料，科普绘本还能在培养儿童语言能力和阅读习惯方面起着关键作用，儿童能积累词汇表达，提高语言水平。译者的儿童观与儿童文学观决定其儿童文学翻译观(徐德荣、江建利，2012)，儿童科普译者应当以儿童为中心，具备“儿童本位观”，从而创作出儿童喜爱的科普译本。

郭沫若(1921)最早在中国明确提出“儿童本位观”，他认为“儿童文学无论其采用何种形式(童话、童谣、剧曲)，是用儿童本位的文字，由儿童底感官可以直愬于其精神底堂奥者，以表示儿童心理所生之创造的想象与感情之艺术。”周作人(1962)在“人的发现”之基础上提出儿童本位观。鲁迅(2005)在“幼者本位”的基础上提出“以孩子本位”，批判封建父权下对儿童的长久偏见与压制，指出儿童不是成人的预备或缩小的成人。因此儿童读物应当是专门为儿童所创作，应当是读物去适应儿童，不应让儿童去适应读物。为了深入儿童的内容，Hunt(1991：16)提出成人应像儿童那样阅读。作为成人的译者，应当放下成人的姿态，承认儿童的独立人格，重视儿童的独特需求，以儿童理解与接受的方式进行翻译(李文娜、朱健平，2015)。从儿童视角出发，了解儿童喜欢的语言风格，让作品“得儿童的欢心”(徐德荣、王宸菲，2024)。针对3-6岁儿童科普绘本翻译，译者需要从儿童视角出发，可以从简化科学概念、注重通俗表达、传递童心童趣、强调图文互动四方面实现符合读者需求、获得读者喜爱的儿童科普绘本译本。

1. 增补科学背景

科学性是科普绘本第一性，科学概念的准确传递固然重要。然而对于3—6岁的儿童来说，逻辑不明晰、概念太抽象、表达太繁杂都有可能加重儿童的认知负担。尤其是儿童存在认知空白的科学领域，如何为小读者解释科学概念、打好其“科学认知的地基”是作者需要把控的一环。科普绘本译介中，译者作为译本的“创作者”，需识别原文中科学知识与行文表达的难易程度，针对易引起读者疑惑的文本，译者需要转变语言表达，增补科学背景，使译文逻辑顺畅、清晰易懂，让儿童读者更好地吸收科学知识。

【例1】

原文：Brrr. Why Antarctica?

How can penguins live in Antarctica?

译文：呵，南极真冷！

企鹅为什么能在南极这么冷的地方生存呢？

例1是一本有关动物的儿童科普绘本中的一段，该段是想提问“为什么企鹅住在南极”，按照原文逻辑，该段应译为“为什么是南极？企鹅怎么生活在南极？”如果这样直译，可能导致儿童读者对原文的疑惑甚至误解：南极怎么了？南极为什么不能生存？原文隐含了“南极很冷”的意思，译者在翻译时须将原文隐含的意思翻译出来，增补“南极真冷”“南极这么冷的地方”的内容，这样看似添补了信息，增加了儿童读者的阅读负担，但实际上是将弯绕的逻辑简化了，直接通过文字表示出来，让不知道“南极很冷”这一概念的小读者们能轻松理解文章想要说的是什么。

【例 2】

原文：This cloud party is starting to get a little wild, and cloud is heating up!

Some of her droplets get warm,

but others stay cold.

They all bump together and make

... an electric charge!

The charge flies out of cloud toward the ground,

creating a bright bolt of lightning.

译文：云朵盛会仍在进行，云伙伴们变得有些狂热。

云的体温也在升高，

她体内的水滴，有些变热了，有些还是冷的。

冷、热水滴互相碰撞，产生了电荷。

这些电荷从云里跑出来，奔向地面，

在天空中留下一道明亮的闪电。

例 2 选自一本关于云朵的自然科普绘本。原文简化了闪电形成的科学原理，称“The charge flies out of cloud toward the ground”，而译文也保持了这种简化，将其译为“电荷从云里跑出来，奔向地面”，虽然在实际科学原理中，电荷不是“从云里跑出来的”，而是通过电流形式传递的，但是考虑到 3—6 岁儿童读者对于科学概念的认知水平，科普作品只需让他们知道“电荷是从云里来的”这个科学事实即可，因此译者不必画蛇添足去增补科学事实，而只要按照原作简化科学概念，产出适宜儿童读者阅读的儿童科普译本。

2. 注重通俗表达

考虑到儿童的阅读喜好与习惯要求，儿童科普绘本多用通俗的语言表达来进行创作。过于专业书面的语言会让儿童读者感觉到晦涩难懂，枯燥无味，从而失去阅读兴趣，可能还会对科普知识失去探索欲。一般而言，3—6 岁儿童科普译本的原作都会有意识地将文本语言通俗化，翻译作为第二次创作，译者也不能用过于专业的语句进行翻译，而是应该把儿童科普绘本的翻译过程当作在给小朋友面对面讲解科学知识，用口语化的表达实现科普效果最大化。

【例 1】

原文：The chameleon thought,

How small I am, how slow, how weak!

I wish I could be big and white like a polar bear.

And the chameleon's wish came true.

But was it happy?

No!

译文：变色龙心里想，

我身材太小，行动太慢，身体太弱！

我要是能像北极熊那样又大又白就好了。

变色龙的心愿实现了。

可是他快乐吗？

一点儿也不。

例1选自与变色龙相关的儿童科普绘本。原文"How small I am, how slow, how weak!"省略了部分语法成分，使语言更加简洁、感染力更强，且该句使用了三个以"how"开头的短语("how small""how slow""how weak")，通过重复来加强语气，结构简单，易于理解和表达。然而如果只是译为"我太小、太慢、太弱"，读者可能不清楚究竟是什么小、什么慢、什么弱，因此在准确传递信息的前提下，译文秉持了通俗性这一原则，将其译为"我身材太小，行动太慢，身体太弱！"不仅保留了语言简洁的特点，也让文本信息更加清晰。

【例2】

原文：The clouds squish together,

and so do their water droplets.

They feel like they might burst,

and they do!

Down comes the rain!

译文：云朵们挤在一起，

水滴们也挤在一起。

云朵们感觉身体要被挤爆了，

很快就真的爆裂开了！

下雨啦！

例3选自与云朵相关的儿童自然科普绘本。译本用简练的语言生动传递了云朵聚集、水滴积聚、即将爆裂，最终下起雨来的情景。原文采用了十分通俗的表达"They feel like they might burst, and they do!"，译本将关键动词"burst"译为"挤爆了"，保留了原文中的幽默和生动感，让读者更容易理解和想象它所描述的场景。

3. 传递童心童趣

对于儿童而言，科普绘本不仅是科学知识的介质，更是供其娱乐的课外读物。3—6 岁儿童科普绘本通常会采用颇其童趣的设计，辅以儿童喜爱的语言文字。儿童科普翻译不仅是语言的转换，而且要使用儿童喜闻乐见的表达去传递科学知识，达到科普效果。因此译者在翻译时应该采用童趣化的语言，提高儿童对科学知识的接受度，使科普传播更加有效。

【例 1】

原文：The lightning is so powerful that it makes

a loud sound called thunder.

BOOM

It is very exciting

and all the other clouds are impressed.

译文：闪电释放出巨大的能量，

就是雷声。

轰隆

太令人兴奋了，

云伙伴们都为之震惊。

例 1 选自有关闪电的儿童科普绘本，此段主要描述了闪电出现的样子。原文中“BOOM”是拟声词，模拟雷声，而译本也使用“轰隆”这一拟声词作为翻译，增加了文本感染力与趣味性。原文中的“all the other clouds are impressed”，翻译中译者将“other clouds”译为了更具童趣和想象力的形象“云伙伴们”，这样的称呼能让儿童更加熟悉事物，让他们觉得科学概念不是抽象的书本概念，而是可以形象化的有趣的角色，能拉近他们与文本的距离，也能增强故事的趣味性和亲和力。

【例 2】

原文：There's so much to see and do at the museum.

You can draw …

play with puppets …

make music …

译文：博物馆里好玩的、好看的东西可太多了……

你可以画画，

玩玩木偶

来点儿音乐……

例2选自与博物馆相关的儿童科普绘本。原文风格简洁、语言直接，译文再现了原文的风格。如“There’s so much to see and do at the museum”译为“博物馆里好玩的、好看的东西可太多了”，“××可太多了”这样的表达非常口语化且形象生动，使语言活泼有趣，符合中文的表达习惯。且原文中提到“You can draw … play with puppets … make music …”，这一句若直译则为“你可以画画、玩木偶、做音乐”，尽管也传递了原文的信息，但是却少了语言的灵动活泼感，考虑到儿童读者喜爱的表达方式，译者增加了叠词“玩玩”，将“做音乐”译为“来点儿音乐”音乐，再现了原文的趣味性。

4. 强调图文互动

绘本中图画与文本相辅相成，文本具有解释、延伸图画的作用，而图画则能将文本具象化表现出来。因此在儿童科普绘本的翻译中“译文不仅要对应原文，还要对应图画”，因为“图画是检验真理的唯一标准”(傅丽丽，2016)。科普绘本翻译不仅是文本层面，更是要将图文关系完整复刻在译本之中，以求实现图文之间的互动。在译本中重视原本的文本功能。

【例1】

原文：In the blink of an eye, the mosquito gets what she came for.

But just then …

“Pesky mosquito!”

She makes a narrow escape and goes off in search nectar …

a much more friendly meal!

译文：一眨眼的工夫，雌蚊子就心满意足地吸到了不少血。

就在这时……

“该死的蚊子！可惜，让它逃脱了！”

这只雌蚊子刚刚经历了死里逃生，慌忙飞去寻找花蜜了，

这种食物可比人类友好多了！

例1选自一篇介绍自然生物的儿童科普文章，图1-4中为蚊子叮咬的一系列动作，从图片顺序来看，蚊子首先朝小女孩飞去，落在小女孩的皮肤上吸了血，小女孩用手驱赶蚊子，蚊子跑掉了。原文每一句都恰到好处地与图片对应，但蚊子逃跑的动作未有文字注明，这使得后面“蚊子刚刚经历了死里逃生”逻辑不通，容易导致儿童读者不明所以。因此，考虑到儿童读者的阅读习惯与审美需求，译者将此处“Pesky mosquito!”结合图片信息进行创造性翻译，译为“该死的蚊子！可惜，让它逃脱了！”增强了上下文的连贯程度，使图片与文字联系更为清晰紧密，图文整体咬合度高，读者阅读负担小。

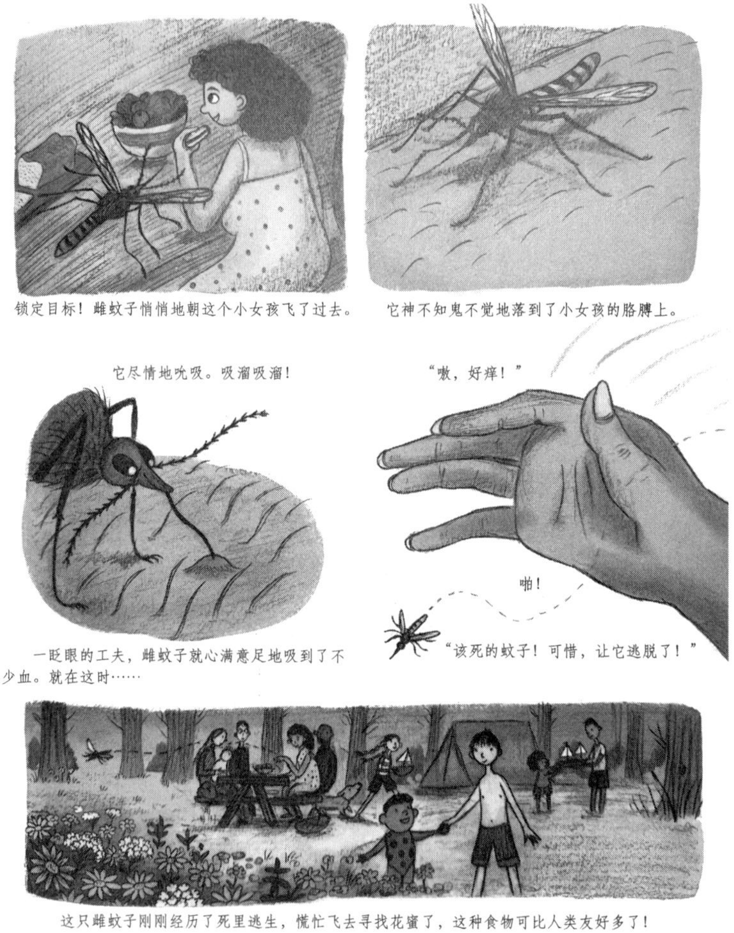

锁定目标！雌蚊子悄悄地朝这个小女孩飞了过去。
它神不知鬼不觉地落到了小女孩的胳膊上。
它尽情地吮吸。吸溜吸溜！
一眨眼的工夫，雌蚊子就心满意足地吸到了不少血。就在这时……
“嗷，好痒！”
啪！
“该死的蚊子！可惜，让它逃脱了！”
这只雌蚊子刚刚经历了死里逃生，慌忙飞去寻找花蜜了，这种食物可比人类友好多了！

图 1-4　科普绘本中蚊子叮咬系列动作插图

【例 2】

原文：Closer. Closer.

You have trillions of cells.

They are so small they can only be seen under a microscope.

译文：越来越近了。

我看到你数十亿的细胞。

他们太小了，在显微镜下才看得到。

例 2 选自与病毒相关的儿童科普绘本，图 1-5 展示了细菌是怎样侵入人体的。原文“Closer. Closer.”形容病毒离细胞越来越近了，“You have trillions of cells.”指细菌与读者对话，但是这里转换了视角容易引起读者误解，此处译者结合图片将该句译为“我看到你数十亿的细胞”，增译了“我看到你”，实现图文对应，使文本更加生动形象。

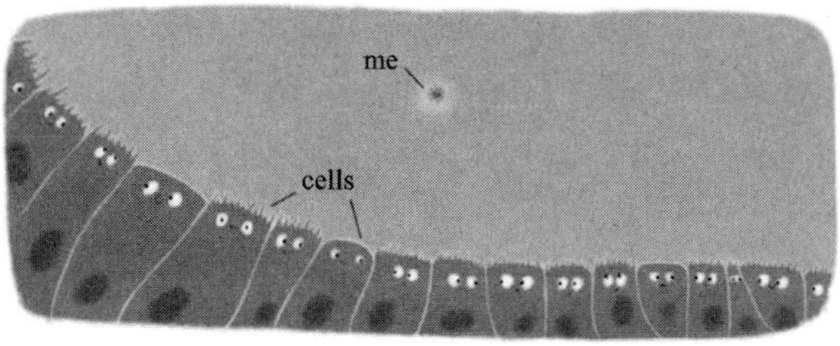

图 1-5 科普绘本中细菌侵入人体插图

四、文件处理技术——Adobe Acrobat

1. Adobe Acrobat 功能

Adobe Acrobat 是由 Adobe 公司开发的一款 PDF(Portable Document Format，便携式文档格式)编辑软件。该软件主要用于创建、编辑、管理和分享 PDF 文件，其功能包括但不限于：

(1)PDF 文件创建与转换：Acrobat 允许用户从多种文件格式(如 Word、Excel、PowerPoint、图片等)创建 PDF 文件，同时也能将 PDF 文件转换成这些格式。

(2)编辑 PDF 文件：用户可以直接在 PDF 文件中编辑文本和图像，如更改字体、调整布局、裁剪图片等。

(3)合并与分割 PDF 文件：Acrobat 允许用户合并多个 PDF 文件为一个文件，也支持将一个 PDF 文件分割成多个独立的文件。

(4)组织 PDF 文件：Acrobat 允许用户对文件内页顺序进行调换、删减，亦可转换文件页面方向。

(5)注释和审阅：Acrobat 允许用户在 PDF 文件中添加注释、高亮、下画线等，方便进行文件审阅和团队协作。

(6)填写和签名：Acrobat 支持在 PDF 表单中填写内容，并且可以电子签名，用于文档认证和确认。

(7)安全性：提供密码保护、数字签名和权限设置等功能，确保文档安全。

(8)无障碍功能：支持创建符合无障碍标准的 PDF 文件，使视障人士也能使用屏幕阅读器等辅助工具阅读文档。

(9)优化和压缩 PDF 文件：支持用户压缩 PDF 文件大小以便于分享和存储。

(10)集成和兼容性：Acrobat 与其他 Adobe 产品(如 Photoshop、Illustrator)和办公软件(如 Microsoft Office)高度集成，提高工作效率。

(11)移动设备支持：支持用户通过 Adobe Acrobat Reader 移动软件在智能手机或平板电脑上查看、编辑和分享 PDF 文件。

2. Adobe Acrobat 操作

Adobe Acrobat 功能十分强大，它对儿童科普绘本译者有何用处呢？由于儿童科普绘本主要以图文结合的形式展现出来，因此在翻译时很多文本是 PDF 文档而非可编辑的 Word 文档。然而译者在翻译时，会发现除图片以外的大段文字，图片中也会有文字注释，那么如何对儿童科普绘本进行文字替换而展现更好的儿童科普译本呢？本节将使用某一儿童科普绘本作为样本，以 Adobe Acrobat 2022 为例，展示怎么使用 Acrobat 创造出儿童科普译本。

首先确保自己打开 PDF 的方式为 Adobe Acrobat。一般电脑可能将文件打开方式设定为默认浏览器或指定软件，要想顺利使用 Acrobat，则须保证 PDF 文件是用该软件打开的，如图 1-6 所示。

图 1-6　使用 Acrobat 打开 PDF 文件

打开后界面如图 1-7 所示。可以看到该绘本文字位于图片中，若采取色块覆盖(即用白色的色块覆盖掉原文文本，在新的色块上新增编辑译文)的方法，则会导致绘本的图片被覆盖而显得很突兀。因此可以使用 Adobe Acrobat 对原文文字进行删减，并添加译文文字。

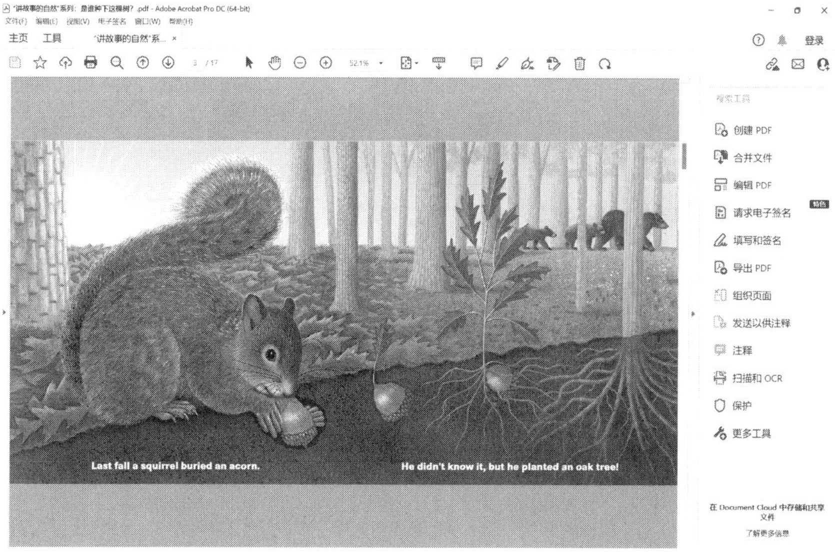

图 1-7　使用 Acrobat 打开的 PDF 示例

点开左上角【工具】，出现如下图 1-8 界面。选择【创建与编辑】中的【编辑 PDF】。

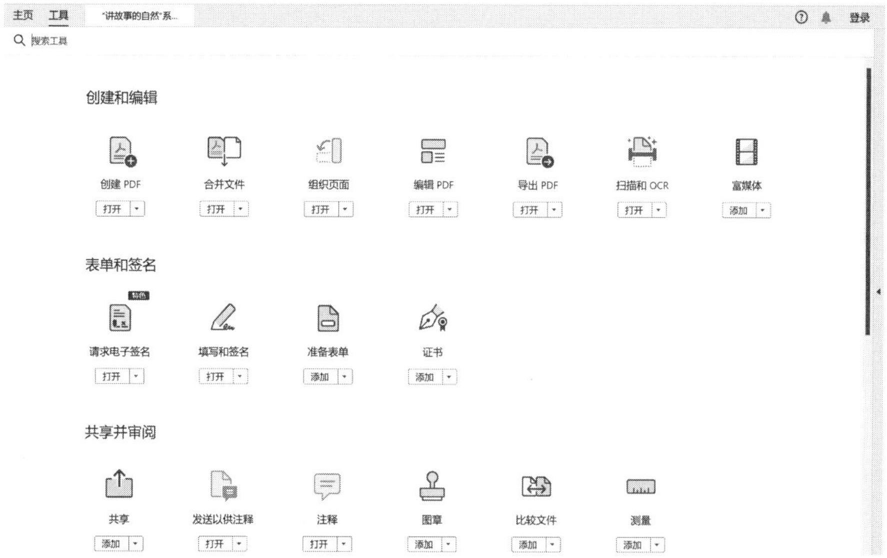

图 1-8　Acrobat 工具界面

点开后出现如图 1-9 界面。

图 1-9 Acrobat 中 PDF 编辑界面

直接点击文字区域，文件上出现可编辑的文字框，如图 1-10 所示。

图 1-10 Acrobat 中可编辑文字框

直接删除文字，将译文添加上去，如图 1-11 所示。

图 1-11　Acrobat 中编辑文字示例

在右边编辑栏中可以调整文字大小、格式等，如图 1-12 所示。

图 1-12　Acrobat 中调整文字示例

译文替换完成后如下图 1-13 所示。

图 1-13 Acrobat 中译文替换完成示例

参考文献

[1] (美)阿瑟·A·卡琳.乔尔·E·巴斯，特丽·L·康坦特.教作为探究的科学[M].人民教育出版社.2008：26-28.

[2] Hunt, P. 1991. Criticism, Theory, and Children's Literature[M], Oxford: Basil Blackwell.

[3] Nodelman, P. 1988. Words About Pictures: The Narrative art of Children's Picture Books [M]. University of Georgia Press.

[4] 傅莉莉.符际翻译视角下的儿童绘本翻译[J].北京第二外国语学院学报，2016，38(03)：61-73+138.

[5] 郭建中.科普翻译的标准和译者的修养[J].中国翻译，2007，(06)：85-86.

[6] 郭建中.科普与科幻翻译：理论，技巧与实践[M].中国对外翻译出版公司，2004.

[7] 郭沫若：《儿童文学之管见》，《民铎》1921 年 1 月 15 日第 2 卷第 4 号.

[8] 李文娜，朱健平.从“儿童的发现”到“为儿童而译”——中国儿童文学翻译观之嬗变[J].外语教学理论与实践，2015(02)：80-87+97.

[9] 刘金花.儿童发展心理学.第 3 版[M].华东师范大学出版社，2013.

[10] 鲁迅，《我们现在怎样做父亲》，见张秀枫主编：《鲁迅杂文精编》，北京工业大学出版社 2005 年版，第 15 页。

[11] 吕萍.论儿童科学概念的形成[D].上海师范大学，2015.

[12] 孙立. 儿童绘本设计与营销创新思路探讨——以“乐乐趣”多样态绘本系列为例[J]. 出版广角, 2019, (20): 56-58.
[13] 吴柯言, 冯斌. 博物馆绘本中“儿童本位”思想的设计与体现[J]. 美术教育研究, 2023, (07): 92-94.
[14] 徐德荣, 江建利. 从双关语的翻译检视译者的儿童文学翻译观[J]. 中国海洋大学学报(社会科学版), 2012, (02): 98-104.
[15] 徐德荣, 王宸菲. “得儿童的欢心”: 陈伯吹儿童文学翻译思想研究[J]. 外国语言与文化, 2024, 8(01): 89-100.
[16] 中华人民共和国科学技术部. 中国科普统计2022年版[M]. 北京: 科学技术文献出版社, 2023.
[17] 周子渊. “图像驱动”与“故事驱动”: 少儿绘本出版的双重动力[J]. 编辑之友, 2017, (11): 20-24.
[18] 周作人. 儿童的文学论文集[M]. 上海: 少年儿童出版社, 1962.

第二章

第二章　儿童科普文（6—11岁）特点及翻译

2021年9月，国务院印发《中国儿童发展纲要（2021—2030年）》①，指出儿童科学素质全面提升，科学兴趣、创新意识、实践能力不断提高。按照学龄阶段划分，6—11岁的儿童大致处于小学阶段。3—6岁儿童生活经验少，因此科普重点多为介绍常见的生活现象、普及日常生活知识与技巧。相比之下，6—11岁的儿童步入系统知识学习的阶段，学习科学知识的重点在于培养其科学素养。目前在小学阶段就已广泛开展科学课程，中华人民共和国教育部发布的《义务教育小学科学课程标准（2022年版）》②提到，小学科学课程的总目标是培养学生的科学素养，并为他们继续学习、成为合格公民和终身发展奠定良好的基础。学生通过科学课程的学习，保持和发展对自然的好奇心和探究热情；了解与认知水平相适应的科学知识；体验科学探究的基本过程，培养良好的学习习惯，发展科学探究能力；发展学习能力、思维能力、实践能力和创新能力，以及用科学语言与他人交流和沟通的能力；形成尊重事实、乐于探究、与他人合作的科学态度；了解科学、技术、社会和环境的关系，具有创新意识、保护环境的意识和社会责任感。由表2-1教育部基础教育课程教材发展中心的《中小学生阅读指导目录（2020年版）》对小学推荐科学读物的占比可知，6—11岁儿童学习过程中，科学知识教育的重要性逐渐上升，且科学读物阅读在教育中占有一席之地。

---

① http://www.gswomen.org.cn/upload/5/cms/content/editor/1648003368200.pdf

② http://www.moe.gov.cn/srcsite/A26/s8001/201702/W020170215542129302110.pdf

表 2-1　小学推荐读物中科学读物占比统计①

学段	阅读指导书目总量	推荐科学类图书	推荐科学类图书占比
小学 1-2 年级	21 本	《小彗星旅行记》《嫦娥探月立体书》《趣味数学百科图典》《来喝水吧》	19%
小学 3-4 年级	33 本	《少儿科普三字经》《中国国家博物馆儿童历史百科绘本》《昆虫漫话》《中国儿童视听百科飞向太空》《异想天开的科学游戏》《万物简史：少儿彩绘版》《蜡烛的故事》	21%
小学 5-6 年级	53 本	《国家版图知识读本》《大国重器：图说当代中国重大科技成果》《中国历史上的科学发明：插图本》《中国儿童地图百科全书 世界遗产》《小学生食品安全知识读本》《海错图笔记》《每月之星》《寂静的春天》《空间简史》《BBC科普三部曲》《昆虫记》	21%

科普读物作为 6—11 岁儿童学习科学知识的另一个窗口，其质量好坏关系到儿童能否维持科学学习热情、培养科学学习习惯、发展科学学习能力、构建科学学习思维等方方面面，因此，6—11 岁儿童科普文应该满足儿童对科学素养提升的需求。科普文对儿童科学素养的发展的重要性不言而喻。儿童科普文翻译能助力引进外国优秀科普文，为儿童提供了更开阔的知识视野，儿童科普文翻译使儿童了解其他国家和文化的科学发展，认识到科学是全球性的，促使其形成开放包容的国际化思维。6—11 岁是培养科学兴趣的关键时期，引进优秀的儿童科普文能让儿童在获取科学知识的同时体验到科学的乐趣，从而激发其对科学的浓厚兴趣。

① http://www.moe.gov.cn/jyb_xwfb/gzdt_gzdt/s5987/202004/W020200422556593462993.pdf

一、6—11 岁儿童特点

6—11 岁儿童处于认知和学习能力迅速发展的时期。儿童的思维在该时期变得更加具有逻辑性和系统性。在之前的年龄阶段，儿童更倾向于依赖感觉和直观的认知方式，但随着年龄增长，他们从只能理解具象的事物，转向依靠具象事物理解抽象概念，最终逐渐能够理解更为复杂的抽象概念。这种逻辑思维的发展帮助他们理解周围世界，为他们未来的学习奠定更为坚实的基础。6—11 岁的儿童记忆力显著提升，他们较之 3—6 岁时期更能记住和回忆信息，这有助于他们在学习过程中建立知识体系，也意味着他们更容易通过不断的学习积累知识，并将其应用到实际生活中。除此之外，6—11 岁的儿童神经系统和认知控制进一步发展，注意力集中程度逐渐增强，他们能够更长时间地专注于某个任务或活动，这使他们能够更好地处理复杂的信息。儿童的社会认知也在这个时期有了显著提升，他们对社会和人际关系的理解更为深刻，能够更清晰地感知他人的情感和意图。6—11 岁儿童的学习兴趣呈现多样化态势，并逐渐发展自我认知，语言能力也显著提高。这个年龄段的儿童能够更流利地表达自己的想法，与他人沟通更为流畅。

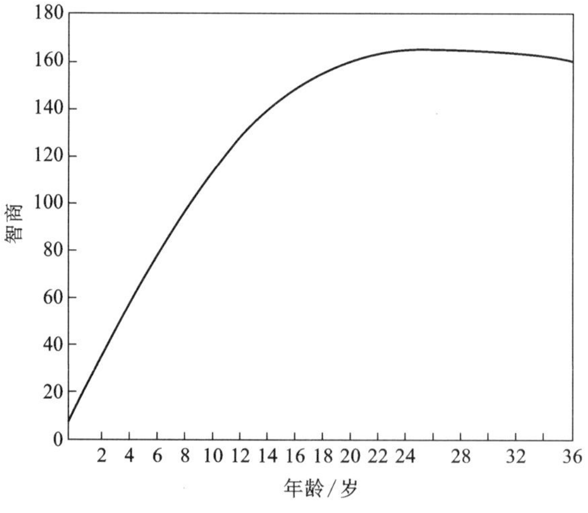

图 2-1　人类智力发展曲线图

根据图 2-1 可知，人类智力是随年龄而不断发展的。尤其是在儿童期，智力呈快速增长的态势。但在整个儿童期，其增长的趋势不是等速的，而是一条先快后慢的发展曲线。儿童在 10 岁前智力呈直线向上的走势，10 岁以后呈负加速的态势，即随年龄增长，智力成长的速度逐渐放慢。18岁以后智力则停止增长……虽然人与人之间在发展的时间上会有个体差异，但这条智力的成长曲线则是基本相同的(刘金花，2013)。10—11岁是思维发展产生质变的年龄。不少研究发现小学儿童思维发展的关键年龄是10—11岁，即四年级左右。如果教育得法，它可以提前到小学三年级，如果教育不得法，则会延至小学五年级。所以，在小学时儿童思维发展存在很大的潜力，假如适当地挖掘，这个潜力能变为他们巨大的能力因素(彭小虎等，2014)。作为科学知识学习的黄金时期，该年龄段的科普文种类繁杂，知识覆盖面更广，对背景知识储备作出一定要求。

二、6—11岁儿童科普文特点

2023年2月，习近平总书记在中共中央政治局第三次集体学习时强调，"要加强国家科普能力建设，深入实施全民科学素质提升行动""要在教育'双减'中做好科学教育加法，激发青少年好奇心、想象力、探求欲，培育具备科学家潜质、愿意献身科学研究事业的青少年群体"。儿童科普教育对于国家科普能力建设的重要性不言而喻，而6—11岁儿童科普教育的核心在于提升其科学素养。科学本质涉及科学的认识论，科学是认识世界的一种方法(a way of knowing)或是在科学知识发展中的固有价值观和信念(Lederman，1992)。而科学素养(scientific literacy)则是指个体对科学概念、过程、方法和思维的理解和应用能力(Benjamin，1975)。具有科学素养的人不仅能够理解科学知识，还能够批判评估科学信息，并应用科学原理和方法解决问题。国务院印发的《全民科学素质行动规划纲要(2021—2035年)》①指出，公民具备科学素质是指崇尚科学精神，树立科学思想，掌握基本科学方法，了解必要科技知识，并具有应用其分析判断事物和解决实际问题的能力。国内外科学教育研究都认为培养学生的科学素养是科学教育的目标，而理解科学知识是发展科学素养的关键一步。1952年美国教育家科南特(J. B. Contant)首次提出"科学素养"这一概念(何薇，2019)。美国米勒(Miller)教授结合当时的科技社会背景，提出科学素养概念三维理解模型，包括科学原理和方法、科学术语和概念、科技的社会影响意识和理解(Miller & Jon D.，1992)。6—11岁儿童科普文依然以科学性为第一性，其性质与3—6岁儿童科普绘本概念一致，此处不做赘述，另结合文本对其词汇特点、句式特点、风格特点和语篇特点四个方面进行分析，并针对其

① https://www.gov.cn/zhengce/content/2021-06/25/content_5620813.htm

趣味性与阶段性等进行阐述。

1. 词汇特点

6—11 岁儿童科普文(以下简称儿童科普文)与严肃深奥的专用科技文体不同，为了贴合读者的阅读水平，使 6—11 岁儿童读者能明白内容含义，儿童科普文多用日常用语代替专业术语，降低了对读者的知识背景要求；用动词代替抽象名词，使内容更加生动易懂；多用代词，拉近文章与读者的距离。

1.1 专业术语通俗化

专业术语是相对日常用语而言的，一般为特定领域的专业人士所熟知。术语可以帮助业内专家准确、清晰地获取信息，使交流更便捷。然而对于非专业人士而言，专业术语往往太过生涩难懂，造成阅读困难，甚至带来理解上的偏差。因此，在儿童科普文中多使用日常用语，减轻读者的阅读负担，使读者更好理解内容含义。

【例 1】龈上洁治术是指用洁治器械去除龈上菌斑、龈上牙石和色渍，并磨光牙面，防止和延迟龈上菌斑和牙石的再沉积。

【例 2】洗牙就是用超声波震掉牙石，不会损伤牙齿，牙缝之间的牙石清洗干净后，你会感觉牙缝变宽了。

例 1 为专用科技文本，其中牙科专用术语“龈上洁治术”表示使用专业医疗器械去除牙龈上的牙结石、菌斑和部分色素沉着，并抛光牙面，而在儿童科普文中则换用例 2“洗牙”这一简单通俗的表达。

1.2 抽象名词动词化

抽象名词表达客观、内容确切、信息量充实，专用科技文体多用十分正式的抽象名词。但是抽象名词不指实物而表示抽象概念，与其他词汇相较更难理解，因此在儿童科普文中常用动词代替抽象名词，以增添文章的生动性，使文章更通俗易懂，读者能更准确直接地把握文章表达的概念。

【例 1】This method is helpful to the improvement of efficiency.

【例 2】This method is helpful to improve efficiency.

例 1 采用了抽象名词“improvement”，整体句子较长，正式程度高；而例 2 换用了动词“improve”，有效降低了读者的阅读困难，使句子通俗易懂。

1.3 人称代词高频化

科技文体具有概念准确、判断严密、逻辑缜密的特征，专用科技文体尤其如此。专用文体中甚少使用代词，因为使用代词可能会产生指代不明的情况，从而造成读者的误解，降低了文本的正确性。但是在儿童科普文中却多用代词，因为代词起指示作用，可以避免语言的重复和拖沓，使表达简洁流畅，还可以拉近作者与读者的距离。

【例 1】A robot's computer is like a person's brain. ***It*** uses the instructions programmed by a roboticist to make decisions. The sensors are like a person's eyes, ears, nose, and skin. ***They*** collect information about the robot's surroundings and send messages to the computer. A robot's actuators receive messages from the computer. ***They*** control the robot's movements, lights, speaking, and more.

例 1 选自一篇关于机器人的儿童科普文，上述段落共使用了三个代词，分别为“It”“They”和“They”，这三个代词分别指“a robot's computer”“the sensors”“a robot's actuators”。以上代词所指代的事物都在上一句中出现，倘若不用代词而重复使用实词则会产生喋喋不休的杂乱之感，令读者感到枯燥无味。尤其是对儿童而言，反复提及复杂的概念更会使其丧失阅读兴趣，而使用代词能让读者产生熟悉、亲切感。

【例 2】Where do meteoroids come from? To find out, ***you***'ll need to climb into a space suit and get ready for a long, long journey. ***We***'re headed into space.

例 2 选自一篇关于机器人的儿童科普文。该段落中出现了两个人称代词“you”和“We”，其中“you”指的是读者，而“We”则表示作者与读者一起。这两个人称代词的使用在作者与读者之间架起一座桥梁，使文字充满互动感。尤其是“We”的使用代表作者和读者一起对科学知识进行探索，能迅速拉近作者与读者之间的距离。

2. 句式特点

考虑到目标读者的认知理解水平，儿童科普文在传递技术信息、传播科学知识时多用短句，避免使用形式主语“it”和引导词“there”，句式相较于专用科技文体更为灵活。以下就儿童科普文的句式特点展开阐述。

2.1　多用短句

儿童科普文多用短句，使文字简洁有力，生动活泼。曾有一种误解认为复杂的信息都需要用长句来表达。而实际上任何主题都可以通过或长或短的信息片段组合起来加以表达，问题在于怎样便于读者接受。一般而言，短句语义明晰，通俗易懂。试分析比较以下例子：

【例 1】Whatever is the weather? There are all kinds of weather. It can be sunny, cloudy, wet, snowy, windy or stormy. Both the Sun's heat and changes in the air above Earth affect the weather. The usual weather of a region or country is called its climate.

How can a star keep us warm? The Sun is a star, just like the ones we see in the sky at night. It looks bigger than the other stars because it is much closer to us. The Sun's rays are very hot and they warm the Earth.

【例 2】 The state of the atmosphere, mainly with respect to its effects upon life and human activities. As distinguished from climate, weather consists of the short-term (minutes to days) variations in the atmosphere. Popularly, weather is thought of in terms of temperature, humidity, precipitation, cloudiness, visibility, and wind. As used in the taking of surface weather observations, a category of individual and combined atmospheric phenomena that must be drawn upon to describe the local atmospheric activity at the time of observation.

上述例子的内容皆为介绍天气的定义。例 1 选自一篇关于天气的儿童科普文。全文句式简单，少见复合句，多用短句，语言通俗易懂，符合目标读者的阅读水平。例 2 则为美国气象词汇表中对于“weather”这一术语的定义，用词专业，被动语态多，句式相对复杂。

2.2 结构简单

相对于专用科技文体而言，儿童科普文的结构较为简单。其中英语常避免使用形式主语“it”和引导词“there”；用 it 和 there 展开句子往往阻碍信息的快速传递，语气较弱且使文字显得呆板和抽象（方梦之，2011）。汉语儿童科普文的特点则为主谓句多，非主谓句少；从结构上看，句子可以分成主谓句和非主谓句两类。主谓句是由主谓结构构成的句子，非主谓句是由主谓结构以外的结构构成或是单个的词形成的句子。它们都是单句。在儿童科普文中，主谓句显然多于非主谓句（朱德熙，1982）。

试比较下面的例子：

【例 1】 It takes about 8 minutes for light to reach the Earth from the Sun.

【例 2】 Light takes about 8 minutes to reach the Earth from the Sun.

例 1 使用了形式主语 it 结构。英语中形式主语仅体现语法功能，如果主语长而谓语短，为了避免“头重脚轻”，就需要使用形式主语使句子前后保持平衡。但使用该结构展开句子容易阻碍信息的快速传递，句子整体较为呆板。例 2 中主语则使用了具体名词 light，整个句子显得更为活泼，利于儿童科普文的传播接受。

【例3】 There is a possibility for the formation of a black hole when a massive star dies.

【例4】 A black hole can happen when a massive star dies.

例3中使用的there be句型易导致信息延后、语气减弱、表述抽象，对于儿童科普文而言，抽象模糊的概念易为读者带来理解障碍，从而造成阅读困难。相比之下，例4中直接使用"a black hole"作为主语，句式清晰简单，语气也较强。

【例5】 你用手机时，数据在产生，通信、拍摄、社交、新闻、导航、娱乐、支付都会产生个人行为记录；你不用手机时，数据照样在产生，比如实时的位置信息。手机的功能越强，就意味着它所记录的行为越广；一个人使用手机越频繁，就意味着他在云端产生的个人数据越多。

【例6】 你买的东西透露了你的消费习惯，你打车的历史忠实地记录了你的出行轨迹，你浏览的网页可能透露了你的秘密……渐渐地，你在互联网上的形象从寥寥几笔的速写变成素描，最后成了一幅逼真的油画。随着大数据的累积，互联网可能比你的父母更了解你。

例5和例6摘录自某中文儿童科普读物，从中可见其句式基本上为主谓句而少用非主谓句。在口语中，非主谓句的数量占优势，在文艺作品中，非主谓句与主谓句数量相当(张修仁，1996)。儿童科普文兼含叙事性、纪实性与科普性，因此儿童科普文相对于文艺作品而言，句式中主谓句比例更大，且多为"主—谓—宾"的简单句型，从而有效将科技知识表述清晰，避免产生歧义。

3. 风格特点

儿童科普文结合文学与科学，以客观科学为基础，文学语言为辅，巧妙运用趣味性语言传递准确专业的科学技术知识。因此儿童科普文的特点综合了科技文体与文艺文体的特点，体现为多用修辞、口语性强、语言形象、感染力强。下面就这四大特点分析儿童科普文的风格。

3.1　多用修辞

为适应大众读者多元化的阅读需求，儿童科普文须简明清晰、准确严谨、逻辑连贯，也要具备表现力和流畅性，以此增强文章可读性，易于读者接受信息。因此，儿童科普文在准确传递信息时，还应采取合适的修辞策略化繁为简、润饰提高，使文章简洁易懂，促进科技信息的传播，用更清晰的方式向读者阐述事实和概念。例如：

【例1】 Is the Earth round? If you were an astronaut floating about in space, the Earth would look like a gigantic ball. It isn't perfectly round, though. Like a ball that's been gently squashed, it's slightly flatter at the top and bottom, and it bulges out just a little in the middle.

【译文】地球是圆的吗？如果你是飘浮在太空中的航天员，那么在你看来，地球就像一个巨大的球。但它并不是完美的球形，而是像一个被轻轻压扁的球，顶部和底部有些平，中间略微鼓起。

例 1 选自一篇有关地球的儿童科普文，采用了比喻的修辞手法，从航天员的视角出发将地球比作“巨大的球”。修辞的使用能加强语言感染力和宣传效果，此处的比喻能有效增强读者与作品的互动感，让读者身临其境，提高语言趣味性，在保持兴趣的前提下保证科技信息的畅通传递。

【例 2】 Who can tell the time without a clock? We all can! Inside every one of us there's something we call our body clock. It wakes us up every morning, and tells us it's breakfast-time. And all through the day we seem to know just when it's time to work, eat and play. As evening comes we get tired and get ready to sleep.

【译文】谁不需要钟表就能掌握时间？我们都可以！每个人的体内都有一个“生物钟”。它每天早上把我们叫醒，告诉我们该吃早饭了。白天，我们似乎自然而然地知道什么时候工作、吃饭、玩耍。当夜色降临时，我们就会感到疲惫，准备上床睡觉。

例 2 选自儿童科普文本中关于生物钟的一段。其中，作者通过“wake up（叫醒）”“tell（告诉）”等动词将“body clock（生物钟）”这一非实物拟人化，能赋予晦涩难懂的科技知识生命，增强语言的亲切感。

3.2 口语性强

专用科技文体常常使用学术化的语言以保证知识的准确传递，文本呈现出词语专业化、句式程式化、表述客观化的语言特点。相较之下，儿童科普文中存在大量口语化语言，此类语言往往简单易懂，能拉近读者与文本之间的距离。以下对儿童科普文的口语性展开示例分析。

【例 1】 数据看起来能量很大，能解决很多的难题，甚至可以成就一个国家。那你肯定会问了，数据这么能干，能测天测地，能不能测出人的心理呢？这真是一个切中要害的问题。人类热衷于预测，如果仔细想一想，你会发现人类所有的努力都是在对未来进行预测，没有什么比预测更令人激动的事了。

例 1 源自一篇关于大数据的儿童科普文章，大数据本身为比较抽象的概念，为了吸引读者兴趣，此段作为引言为介绍大数据铺陈假设，使用了十分口语化的语言如“数据这么能干，能测天测地，能不能测出人的心理呢”，这一表述很像儿童喃喃自语，在一定程度上引起了儿童共鸣，吸引读者往下阅读找寻答案，从而助力儿童科普文的传播。

【例 2】Dawn was breaking over the city of San Francisco. Two tourists named Carl and Pedro were strolling back to their hotel after enjoying the nightlife in the city's Chinatown district. The two friends were joking and chatting about the evening's fun. "What a night we've had!" said Pedro, laughing. Suddenly, Carl seemed to hurl himself against a wall. "Hey! Stop fooling around!" shouted Pedro. Then he, too, was thrown off-balance as the earth shook and heaved beneath his feet.

例 2 来自某一篇关于地震的科普文章，文中采用了叙事手法，并直接以对话的方式生动展现了地震发生前与发生时两名游客的生活及其状态描写。使用口语能有效帮助塑造文章背景、增添文章真实性与趣味性，拉近读者与文本的距离，保持读者的阅读兴趣，达到文本的传播目标。

3.3 语言形象

专用科技文体描写物体时常常使用客观、抽象、精确的词汇来表达，力求避免歧义、保证文章简洁。而儿童科普文的目标则在于使大范围多层次的受众能理解并接收信息，该文体则大量使用形象语言，在符合受众阅读水平与习惯的同时利于科技知识的传播。

【例 1】Where can you see rivers of rock? Sometimes a red-hot river of lava pours out of a volcano and flows down its sides. The runny rock can reach temperatures of over 1000℃ — much, much hotter than an oven — and flow faster than you can run!

例 1 是一篇科普文中的一段，开头运用了设问句的方式吸引读者的兴趣，使读者有针对性地进行科普阅读。文段中讲到"岩浆(runny rock)"的特点时采用了两个比较句："much, much hotter than an oven"和"flow faster than you can run"，语言生动形象，使读者对于岩浆的热度和速度这一抽象概念有了具像感知，有效帮助读者理解知识，达成儿童科普文的传播目标。

【例 2】当你逛百货商场时，常常会东张西望，这排货架上看看，那排货架旁走走，还会在某些商品前停留，拿起来看看又放下。这些行为表达了你的购买意愿，但商场的售货员却没办法记录你的这些行为。你昨天去了一个柜台，今天再去，可能售货员也不会认得你。

但是，在网上浏览就完全不同了。你的搜索、你的点击、你的滑屏，就相当于你在超市里的走走看看、东张西望、拿起东西又放下，互联网把你的这些行为一一记录了下来，一个也不漏！无论你是谁，只要你第二次来到一个购物平台，因为上一次的记录，网络就认识你。随着你浏览、消费记录的增多，这些数据可以完整地勾勒出你的特征，即通过数据给你画像，掌握你的行为模式和需求、偏好，从而对你进行分析和预测，向你推送商品广告。最早的大数据应用就是这样产生的。

例 2 源自于有关大数据的科普读物，该段为介绍网络最初是如何进行大数据技术应用的。文章将网上浏览产生大数据的过程与线下实体店购买东西的过程进行对比。互联网浏览与购物能留下一定数据，这些数据慢慢累积就能分析出你的需求、偏好等，于是互联网就会在推送商品时奉上你最需要、最喜欢的商品类型，而这些是实体店无法做到的。文章用类比的手法向读者普及了大数据应用的知识。

3.4 感染力强

纯科技篇章一般排斥情感性和表达性，而科普篇章则允许情感性和表达性的存在(杨明天，2000)。为了引起儿童的兴趣，儿童科普文更要使用生动形象的语言来描述抽象的科学概念，让儿童更容易产生情感共鸣，激发出好奇心和求知欲，更积极地参与学习过程。如下列示例：

【例 1】 If you ever see huge fiery clouds spurting out of a mountain, you can be sure it's a volcano — and what's worse, it's blowing its top! The most violent volcanoes explode like bombs, spitting out clouds of hot ash, chunks of solid rock, and fountains of the runny rock we call lava.

例 1 展示了火山爆发的景象，文中使用了条件句、感叹句等句型，使读者置身于文章所处情境之中，直接从读者的视角描写火山爆发的景象，文章更具真实性与生动性。除此之外还利用比喻修辞将火山与炸弹类比，从侧面展示火山的爆发性威力，语言更为鲜明形象，富有感染力。

【例 2】 道理是明白了，但是，有些同学马上就意识到这张图里面只有 4 种商品，计算起来还比较简单。如果商品的种类增多，上万甚至上百万呢，那得多少组合项啊！靠人脑怎么算得过来？事实上，一个普通百货商场的商品就有上万种。有没有办法快速减少组合项，减少计算时间呢？

那就需要用更快、更好的算法了，这就是数据科学家的任务。至于算法，没有最好，只有更好。不仅如此，我们还需要一种能与计算机打交道的语言，让计算机明白你的算法，老实地去执行整个购物篮分析的步骤。这样，即使有千万种组合，计算机也能嗖的一下就得到结果啦！

例 2 源自关于算法的儿童科普文章。该文采取了互动型的语言，十分具有感染力，文章就像老师一样引领读者学习，不时抛出问题如“靠人脑怎么算得过来？”“有没有办法快速减少组合项，减少计算时间呢？”。随即则用简洁的语言引入“算法”“计算机语言”“购物篮”等概念，原文清晰易懂，能最大化排除读者阅读障碍，达到文章传播目的。

4. 语篇特点

4.1　图辅文

儿童科普文的读者群体主要为6—11岁儿童，他们尚处于依靠具象事物理解抽象概念的时期，因此儿童科普文表达需形式多样。为排除读者阅读障碍，除了语言需要通俗易懂、条理清晰，常常通过配图以最直观的形式将信息传达给读者。图文并茂的方式能有效帮助读者将文字概念具象化，从而降低其阅读难度，提升阅读理解效率。

【例】下面给大家看一张描述月食发生过程的图(图2-2)。本来好好的圆月，像是被什么东西给弄脏了似的，突然就黑了一块；黑色的斑块还会渐渐变大，最终吞没整个月亮。古时候，人们普遍觉得月食是件很不吉利的事情。比如，中国古代就流传着天狗吃月亮的传说，人们认为月亮是被一只凶恶的大狗给吃了。所以月食发生的时候，家家户户都要走上街头敲锣打鼓，好把这只恶狗给吓跑。不过在两千多年前，古希腊人发现，月食其实是大地飞到了太阳与月亮之间，挡住太阳光后留下的影子。亚里士多德仔细地观察了几次月食，发现了一件很有意思的事：每次月食时遮住月亮的黑斑，其边缘总是呈圆弧形。他据此推测出大地的影子应该是圆的，而这就意味着大地本身也应该是圆的。

图2　月食发生过程图

上述例子中通过图片展示和故事讲解，向读者传达了我们是如何知道地球是球形的过程。通过文章读者可以看到，人们从最开始对月食的害怕，进而探索月食的奥秘，再通过月食推理出地球是圆的，最后通过环绕地球的举措证实了地球是球形的猜想。文章佐以月食过程图，以最清晰明了的方式向读者普及“何为月食”，同时顺着故事逻辑一步步揭晓谜底，使读者掌握文本所包含的知识信息。

4.2　趣味性

儿童科普文的读者群体主要为6—11岁儿童，因此必须要符合该年龄阶段儿童的心理和认知发展特点。儿童具有天然的好奇心和创造力，追求新鲜有趣的事物，因此儿童科普文需要具备趣味性，符合儿童的审美追求，要求通俗易懂，深入浅出，能引起儿童读者兴趣。

【例 1】How do animals survive the Arctic winter? In winter, temperatures in the Arctic drop to −50℃, so polar animals grow a thick winter coat to keep them warm. The Arctic fox even has fur on the bottom of its feet and uses its bushy tail as a blanket.

例 1 中采用了移用和比喻的修辞手法，将极地动物的毛皮比喻为“winter coat”，并用动词“grow”来搭配，新奇有趣，颇具特色，让读者对极地动物的独特本领充满好奇，能激发儿童的阅读兴趣。

【例 2】银行智能安保：不法分子会尝试破解银行账户密码并盗取他人交易完成存款，银行利用人工智能来防范这类事件的发生。

智能滑板：智能滑板会根据你的使用习惯做出相应的调整。它可以感知你的倾斜角度，让你滑滑板时既快速又安全。

地图应用程序：（点击，点击！）手机上的地图应用程序利用人工智能接收来自导航卫星的信号，从而确定你在地图上的准确位置。

翻开后：

银行智能安保：（“其他设备正试图登录您的银行账号，请问是您本人操作的吗？”）一旦人工智能向这位女士发出警告，她就会打电话通知银行冻结账户，阻止不法分子得逞。（“你被捕了！”“是人工智能发现了我！”）

智能滑板：（“这个滑板装有人工智能刹车系统，真酷！”“踩这里！”）人工智能会根据你重心的改变启动刹车装置。

地图应用程序：你可以在地图应用程序上查询前往目的地的交通方案。（“太好了，这趟公交车能直达目的地！”“乘坐 27 路公交车前往格林街。”）

图 2–3 《揭密人工智能》图书设计

儿童科普文的趣味性并不限于文本，图书的设计也能给儿童带来不一样的新奇体验。如图 2–3 为“乐乐趣揭秘翻翻书”系列的图书《揭秘人工智能》，书本内页将各个科普知识使用图文并茂的形式展示，并采用可翻动卡片的设计，让儿童自主寻找答案。书本的设计服务于科普文本身，有趣的设计能培养儿童的专注力，提高儿童的兴趣，使儿童在玩乐中获取知识。

4.3　通俗性

6—11 岁儿童科普文因其生动有趣、简单易懂的文体风格而具有通俗性。这类文本采用简单清晰的语言，避免使用复杂的专业术语，以确保儿童能够轻松理解。通过有趣的叙述方式，吸引儿童主动参与学习。儿童科普文还注重情感表达，使知识更具感染力，激发儿童对学习的兴趣。

【例 1】(儿童:)水是怎样变成云又化成雨的?

(专家:)云是由无数的小水滴组成的，它们有时是小液滴，有时是小冰晶。说来也挺怪的，人们只是看到云在天上飘，却看不到水是怎么上去的。不过，虽然有些事情我们看不到，但并非不存在。

有时候水是不可见的，当然不是指那些流淌的、能被喝的水，那些水我们能看见；也不是指冻成冰的水，它们也很容易被看见。可当水变成气体时就看不见它了，此时，水的最小结构——水分子——不再被聚在一起形成流动的水或坚硬的冰，而是各自独立地飞到空气中。

例 1 源自一篇关于云朵的儿童科普文，文中用十分通俗的语言阐述了云朵的概念，如果用专用科技文体表示，云是地球上庞大的水循环的有形的结果。但是文中用了解释性话语，将云这一概念具象化，“云是由无数的小水滴组成的”，而后对这些“水滴”作出解释，表示“有时候水是不可见的，当然不是指那些流淌的、能被喝的水，那些水我们能看见”，这一句看似概念重复冗余，但是对于儿童而言，适当的重复能帮助他们进行有效的逻辑思考，不至于跟不上文章思路。

【例 2】All robots have movable parts, but only some can travel from place to place. That’s because it’s difficult and expensive to build bots that can go, go, go. Robots that weld car parts and inspect food containers don’t need to move across factory floors. But when a bot has to get around, roboticists choose one of three systems—tracks, wheels, or legs.

例 2 选自关于机器人的科普文章，展示了机器人身上能动的部位十分有限，因为创造出能到处动的机器人不仅需要技术也要耗费金钱；如果必须要做会动的机器人，那机器人一定包含履带、轮子或者腿这三种之一。原文使用了十分浅显的词如“bot”“go”“leg”等，句子结构不复杂，语言简单易懂，具备通俗性。

4.4 教育性

6—11 岁儿童科普文旨在通过生动有趣的方式传递科学知识，激发儿童的学习兴趣，提升其认知能力。因此它注重儿童的认知水平和学习特点，采用简单易懂的语言，确保儿童能够轻松理解复杂的科学概念。儿童读者选择合适的难度来挑战，在学习过程中逐步提升自己的认知水平，进行坚实的学科积累，为未来更高层次的学习打下良好的基础。

【例 1】为什么我们不能乱砍滥伐？过度砍伐或者焚烧树木会破坏地球环境。树木减少了，就无法制造出足够的氧气，还容易造成水土流失。此外，焚烧木材会导致大气中的二氧化碳增多。

【例 2】为什么提倡公交出行？乘坐公交车或火车出行，给环境带来的危害要比乘坐私家车小得多，因为大家共同使用了能源。

例 1 和例 2 的开头都抛出了问题："为什么我们不能乱砍滥伐？""为什么提倡公交出行？"这些问题是当今有关生态环保的常识，但是儿童可能对这些行为背后的原因懵懂无知，因此科普文本通过对这些具有针对性的问题进行解答，教育儿童读者这些举措的重要性和原因，对儿童读者的行为修养也具有潜移默化的影响。

4.5 阶段性

根据皮亚杰认知发展阶段理论（J. Piaget，1980），个体的认知发展可分为四个阶段，分别为感知运动阶段、前运算阶段、具体运算阶段和形式运算阶段。这四个阶段是按照固定不变的顺序来呈现的。每一个阶段都是前一个阶段的自然延伸，也是后一个阶段的必然前提，发展阶段既不能逾越，也不能逆转，思维总是朝着必经的途径向前发展。由前文及图 2-1 可知，儿童的智力和认知水平发展随着年龄变化显著，儿童的语言能力迅速增长、抽象思维初现、记忆和学习能力提升、逻辑思维发展、社会认知的提升等多方面进步。其发展具有连续性又具有阶段性。

【例 1】

Sky Trucks

"I can't hear anything!"

Some planes do not have TVs or snacks. They are working planes. This is the inside of a C-17 Globemaster. It carries a mobile home bolted to the floor. VIPs go in here to talk in private.

Some planes are built to carry stun. Big stuff. This is the Antonov 225. It is the biggest plane ever made. It is so big and heavy that it needs 32 wheels to land.

"You can drive 80 cars into the belly of this plane."

【例 2】

Almost Human

Researchers at Honda have been building robots that look and act like humans for more than 15 years. The latest version is called ASIMO. It can dance, balance on one leg, and even climb stairs. It can pick up objects, speak to people, and recognize faces and voices. Wow!

Androids are lifelike robots. Everything about them is artificial, but sometimes it's hard to tell they aren't real. Some androids seem to blink, breathe, twitch, and talk just like a real person.

如上,《美国国家地理儿童版》(*National Geographic Kids*)由美国国家地理学会的官方杂志编排出版,为全球发行量最大的儿童科普读物。该杂志分为四级,Pre-reader 针对 3—5 岁的儿童,Level 1 针对 4-7 岁,Level 2 针对 6-9 岁,Level 3 针对 7-12 岁。如上例 1 属于 Pre-reader 级别,因此多采用简单词汇,使用短句,还借助图片人物的语言间接传达信息,科普知识难易程度较低,目标在于能让儿童对某一事物具有印象并且能对其进行描述。而例 2 的目标读者为 7-12 岁的儿童,此时的儿童已经具备简单的抽象思维,因此科普文会采用较长的句子、较复杂的词汇,普及更多更深层次的知识,以适应儿童的认知发展阶段性。

苏斯博士的编辑弗莱施曾提出一个数学公式 Flesch-Kincaid Grade Level Test,用于测试任何文本的难易度:0.39×(总单词数/总句子数)+11.8×(总音节数/总单词数)-15.59。最终分值越高,文本难度越低。如图 2-4、图 2-5,儿童科普文得分为 98.47,而专用科技文本得分为 78.54,可以证实儿童科普文的可读性更高,难度更低,而专用科技文本反之。

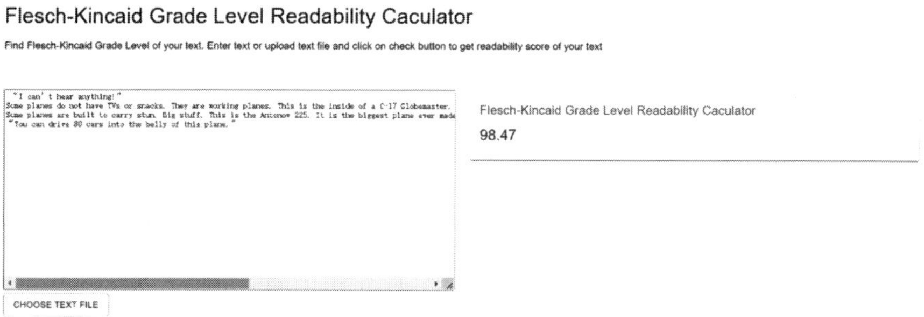
Flesch-Kincaid Grade Level Readability Caculator
Find Flesch-Kincaid Grade Level of your text. Enter text or upload text file and click on check button to get readability score of your text
"I can't hear anything!"
Some planes do not have TVs or snacks. They are working planes. This is the inside of a C-17 Globemaster.
Some planes are built to carry stuff. Big stuff. This is the Antonov 225. It is the biggest plane ever made
"You can drive 80 cars into the belly of this plane."
Flesch-Kincaid Grade Level Readability Caculator
98.47
CHOOSE TEXT FILE

图 2-4　儿童科普文文本难度计算

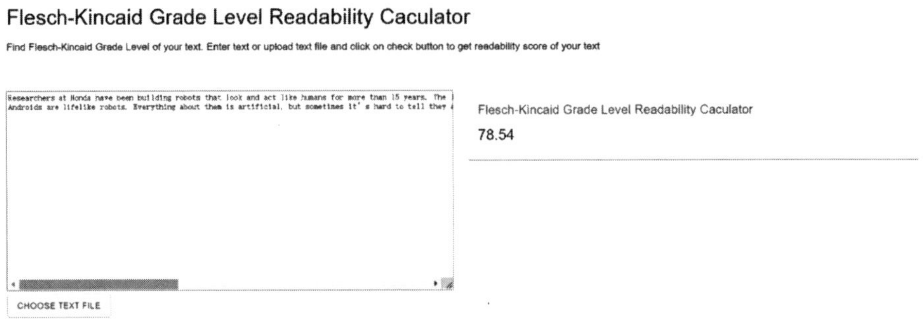
Flesch-Kincaid Grade Level Readability Caculator
Find Flesch-Kincaid Grade Level of your text. Enter text or upload text file and click on check button to get readability score of your text
Researchers at Honda have been building robots that look and act like humans for more than 15 years. The
Androids are lifelike robots. Everything about them is artificial, but sometimes it's hard to tell they
CHOOSE TEXT FILE
Flesch-Kincaid Grade Level Readability Caculator
78.54

图 2-5　专用科技文文本难度计算

三、儿童科普文(6—11 岁)翻译

儿童科普文的语场为传播科技知识、描写生产过程、说明产品的使用方法等，语旨是内行对外行。6—11 岁儿童科普文翻译以儿童本位作为指导原则。要想文本能为儿童所接受，必定要从儿童的角度出发，采用儿童喜欢的语言，翻译贴合儿童认知的知识。语式采用自然语言，偶用人工符号，用词生动，句法简易，文风活泼，多用修辞格。通过增译补缺隐含意义，多用短句保证文本通俗性；准确翻译文本含义，竭力避免误译；采用儿童喜欢的语言进行表达，让文本具有趣味性。

1. 增译补意，多用短句

考虑到儿童科普文的难度、语言表达的特点和儿童的认知水平，儿童科普文翻译常常利用增译的方法将原文缺失或隐晦表达的含义进行补充，简化原文句式、多用短句，将原文文意用更为简短的句子表述清晰。

【例 1】A black hole can happen when a massive star dies. The star falls in on itself, squashing all its material and becoming smaller and smaller. In the end all that is left is a place light cannot escape from — a blackhole. Everything in space has a pulling force called gravity — galaxies, stars, planets like Earth, and even moons. Gravity holds things together and stops them floating off into space.

【译文】巨型恒星死亡的时候，可能会产生黑洞。这些恒星向内部坍塌，把所有的物质挤压在一起，变得越来越小，引力渐渐增强，最终强大到连光也无法逃脱，黑洞就诞生了。宇宙万物之间普遍存在一种相互吸引的力，星系、恒星、像地球一样的行星，还有像月亮一样的卫星，任何两个物体之间都有引力。

地球对物体的吸引力也叫重力。重力可以拉住物体，阻止它们飘向太空。

例 1 中的“A black hole can happen when a massive star dies.”中存在条件状语从句，而译文则将其简化处理为两个小句并调整译文语序为“巨型恒星死亡的时候，可能会产生黑洞”。短句能有效降低读者的阅读难度，激发读者的阅读兴趣。而原文中的“Everything in space has a pulling force called gravity — galaxies, stars, planets like Earth, and even moons.”则采用了增译法，处理为“宇宙万物之间普遍存在一种相互吸引的力，星系、恒星、像地球一样的行星，还有像月亮一样的卫星，任何两个物体之间都有引力”。译文将“moons”增译为“像月亮一样的卫星”，有效避免了读者可能产生的误解，误以为宇宙中称作“月亮”的星球有很多个，将卫星的概念指出来后，不仅能澄清原文可能产生的误会，还能有效普及另一个知识点——月亮为卫星，可谓一举两得。

【例 2】 There is life on Earth because it is not too hot and not too cold. We are just the right distance from the Sun, which gives us heat and light. This is why there is no life on our neighbouring planets Venus (too hot) or Mars (too cold).

【译文】地球上之所以有生命存在，是因为这里既不太热，也不太冷。地球和太阳的距离刚刚好，能让我们获得适宜的光和热。而与我们相邻的金星太热，火星太冷，因此没有生命存在。

例 2 选自有关气温的儿童科普文，其中“We are just the right distance from the Sun, which gives us heat and light.”，翻译为“地球和太阳的距离刚刚好，能让我们获得适宜的光和热”。其中翻译增译形容词“适宜的”，向读者清楚传达“距离刚刚好”的结果是能带来“适宜的光和热”。而“This is why there is no life on our neighbouring planets Venus (too hot) or Mars (too cold).”则简化了句子，将差距拆译为“而与我们相邻的金星太热，火星太冷，因此没有生命存在”。这样阐明了文章逻辑，减轻了读者的阅读负担。

2. 理解词义，准确翻译

“忠实”是翻译的一大原则，对于儿童科普文更是如此。作为传递儿童产品技术信息、为儿童普及科技知识的文本，如果发生误译，可能会对儿童的认知产生影响，因此儿童科普文的翻译需要做到了解词义，准确翻译。

【例 1】 Volcanoes are mountains that sometimes spurt out burning ash, gas and hot, runny ***rock*** called lava. The gas and fiery lava come from deep down inside the Earth, and burst up through cracks in the crust.

【译文】火山，就是那些有时会喷出火山灰、气体和热岩浆(即熔岩)的山。气体和炽热的岩浆来自地球深处，从地壳的裂缝处喷发而出。

例1选自有关火山的儿童科普文，其中黑体字“rock”意为“岩石、礁石、碎石；摇滚乐”，经查证，火山岩的术语翻译为“Volcanic Rock”，但是结合上下文意，火山爆发时喷出的物体应为火山岩浆，是火山岩熔融而产生的炽热熔融体。因此此处译者遵循翻译忠实原则，将“hot，runny rock”译为“热岩浆”。

【例2】 Sundials are one of the oldest kinds of clock. Instead of a moving hand, they have a shadow, cast by the Sun. As the Earth turns during the day, the “hand” moves around the clock.

【译文】日晷是最古老的时钟之一。晷面没有转动的指针，而是插了一根晷针，利用它在阳光下的投影指示时间。随着地球自转，晷针的影子就会在晷面上移动。

例2选自有关日晷的儿童科普文，其中“Instead of a moving hand, they have a shadow, cast by the Sun.”，直译为“晷面没有移动的指针，而是有阳光投下的阴影”。然而这种直译的方法可能会使读者产生误解，不懂“阴影”是映照在什么物体上产生的。译者增译了“晷针”，明示读者日晷是靠固定的晷针投下的阴影展示时间的，以此避免了读者在阅读中可能产生的误解。

3. 语言生动，迎合儿童

儿童科普文根据读者的阅读喜好和习惯进行内容编排和语言处理，为了保证原文风格的延续，译者也要使用生动的语言以迎合儿童。因此，儿童科普文的翻译应摒弃死板僵硬的逐字对等翻译，摆脱源语的枷锁，保证译文通顺流畅、简单易懂。

【例1】 The quickest route in Egypt was the river Nile. Egyptian boats were made from river reeds or wood. They were the only way to get from one side of the river to the other—unless you swam and liked crocodiles!

【译文】在埃及，最快的旅行线路是尼罗河水路。埃及人的小船是用河边的芦苇或木头做成的。坐船是渡河的唯一方式——除非你泳技高超，而且喜欢河里的鳄鱼！

例1是关于金字塔的儿童科普文，其中“unless you swam and liked crocodiles”采用了诙谐的手法，表示尼罗河水路上坐船确实是唯一的渡河方式，译文处理为“除非你泳技高超，而且喜欢河里的鳄鱼”生动展现了原文的调侃口吻，使译入语儿童也能感受到同样的乐趣。

【例2】 A baby lemur rides on its mum’s back for the first seven months of its life. It wraps its legs around her and holds on tightly as she leaps through the forest on a hair-raising ride.

【译文】狐猴宝宝在出生后的头7个月一直骑在妈妈的背上。当妈妈在丛林中进行一系列惊险跳跃的时候，狐猴宝宝会用四肢紧紧环抱住妈妈，绝不松手。

例2选自关于狐猴的儿童科普文，其中“hair-raising ride”直译为“使人毛发竖起的”，意译为“恐怖的、毛骨悚然”，生动形象地展现了狐猴宝宝骑在在森林中穿梭的妈妈身上时惊吓的神情。译者将该词译为“一系列惊险跳跃”，阐明狐猴妈妈的动作为“跳跃”，将“hair-raising”译为“惊险”，恰如其分地展现了狐猴宝宝的神态。

四、翻译技术——网络检索技术

1. 何为网络检索

网络检索是指通过互联网搜索引擎或其他相关工具，在网络上查找特定信息、文件、网页或资源的过程。用户需要输入关键词或短语，系统根据这些关键词从互联网上的大量数据中筛选、排序并呈现相关的搜索结果。网络检索为用户提供了便捷、高效的信息获取途径。译者可以利用网络检索技术对翻译内容进行查证、校对。对于译者而言，如何利用网络检索进行高效搜索取决于译者的搜商。

搜商(search quotient)，即搜索商数，指借助工具获取有用信息的能力。在大数据时代，搜商体现为利用搜索引擎或桌面搜索工具获取所需信息的能力。搜商的本质特征是搜索。培养搜商主要是提高信息搜索能力，即把此类问题转化为策略表达式，选择合适的工具，有效挖掘数据信息并获取所需结果的能力。陈沛(2006)提出搜商=知识/时间×(搜商指数)。即SQ=K/T(C)，其中SQ=search quotient搜商，K=knowledge知识，T=time时间，C=搜商指数(社会平均知识获取能力)(陈沛，2006)。从中可以看出，搜商强调在尽可能短的时间内获取知识的能力，由这一角度可见搜商是一种比掌握具体知识更有价值的能力。译者充分利用网络搜索工具对需要确认的信息进行检索查证，成为保证译文质量和翻译效率的重要因素。搜商高的译者可以高效获取所需的信息，进而解决工作中遇到的问题。

2. 搜索原理

搜索引擎一般包括信息搜集、信息整理和信息检索三个子系统。信息搜集子系统负责发现、跟踪和采集网络信息资源。目前，搜索引擎有人工和自动两种采集方式。信息整理子系统负责组织所采集的网页信息，建立索引查询系统。信息检索子系统提供浏览器界面的信息查询。用户将检索要求提供给检索系统后，搜索引擎会在索引数据库中查找相应语句，并进行必要的逻辑运算，最后按照相关程度排序并输出查询结果。

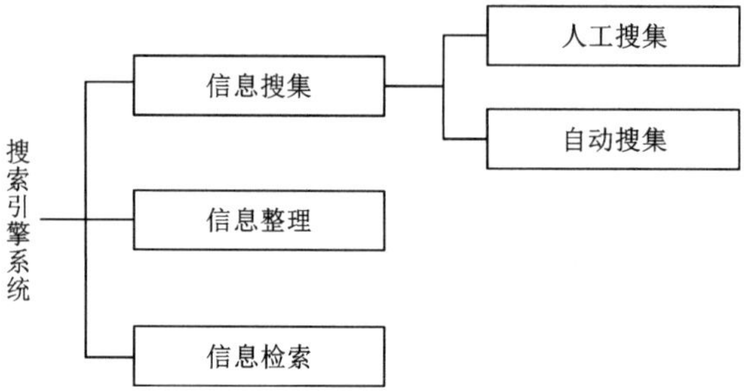

图 2-6　搜索引擎系统组成

3. 网络搜索规则

3.1　译者搜索能力

作为新时代译者，处理多领域翻译文本已是司空见惯，遇到不熟悉领域的材料时，仅靠大脑存储知识已无法满足翻译需求。因此翻译过程中，网络搜索是必不可少的一环。译者需要根据网络信息确定术语含义、专有名称译法、生僻词词义、文本背景知识、平行文本语料等。

3.2　搜索规则示例

3.2.1　布尔逻辑符

表 2-2　布尔逻辑符

逻辑“与 AND”	含义	检索结果同时含有关键词 1、关键词 2
	用法	连接不同概念，表达复合主题
	运算符	“AND”；“ * ”
	检索式	“关键词 1 AND 关键词 2”；“关键词 1 * 关键词 2”
	作用	可以缩小检索范围，有利于提高准确度

续表2-2

逻辑“或 OR”	含义	检索结果要么出现关键词 1，要么出现关键词 2
	用法	检索出概念的不同获得方式
	运算符	“OR”；“|”
	检索式	“关键词 1 OR 关键词 2”
	作用	可扩大检索范围，防止漏检，有利于提高查全率
逻辑“非 NOT”	含义	检索结果含有关键词 1，不含关键词 2
	用法	用于排除某些概念，达到精确检索
	运算符	“NOT”；“-”
	检索式	“关键词 1 NOT 关键词 2”；“关键词 1- 关键词 2”
	作用	从原检索范围中，排除无须检索或影响检索结果的概念，有利于提升查全率

3.2.2 其他搜索规则

表 2-3 其他搜索规则

检索式	含义	示例
关键词 filetype：目标文件格式	搜索结果为指定格式	Machine Translation filetype：PDF
关键词 site：目标网址	在指定网站内检索关键词	Machine Translation site：http://www.tac-online.org.cn/
关键词-排除关键词	搜索结果内不包含排除关键词	Machine Translation-CAT
关键词 intitle：标题关键词	搜索结果标题中包含标题关键词	Machine Translation intitle：neural
inurl：目标关键词	搜索网址结果中包含关键词	inurl：translation
关键词 时间 1..时间 2	限定搜索结果时间范围内	Machine Translation 2016..2022
“关键词”	关键词完整出现在搜索结果内	“Machine Translation”

参考文献

[1] Benjamin S. P. Shen. Science Literacy[J]. American Scientist, 1975(63): 265-268.

[2] Conant J. B., General Education in Science[M], Harvard Univ. Press, Cambridge, 1952.

[3] J. Piaget, B. Inheader 著. 吴福元译. 儿童心理学[M]. 商务印书馆, 1980. 05.

[4] Lederman, N. G. (1992). Students' and teachers' conceptions of the nature of science: A review of the research[J]. Journal of Research in Science Teaching, 29(4): 331-359.

[5] Miller, Jon D. Toward a scientific understanding of the public understanding of science and technology[J]. Public Understanding of Science, 1992(1): 23-27.

[6] 陈沛. 搜商: 人类的第三种能力[M]. 清华大学出版社, 2006.

[7] 刘金花. 儿童发展心理学(第三版)[M]. 华东师范大学出版社, 2013.

[8] 彭小虎, 王国锋, 朱丹. 儿童发展与教育心理学[M]. 华东师范大学出版社, 2014.

[9] 杨振姣, 王梅, 郑泽飞. 北极航道开发与"冰上丝绸之路"建设的关系及影响[J]. 中国海洋经济, 2019(2): 19.

[10] 张修仁. 非主谓句的用途和界定[J]. 厦门大学学报(哲学社会科学版), 1996, (02): 113-116.

[11] 朱德熙. 语法讲义[M]. 北京: 商务印书馆, 1982.

[12] 方梦之. 英语科技文体: 范式与翻译[M]. 国防工业出版社, 2011.

[13] 杨明天. 电脑科普篇章的语用特点[J]. 外语研究, 2000, (02): 35-38.

[14] 王华树, 刘世界, 张成智. 翻译搜索指南[M]. 北京: 中译出版社, 2022.

第三章

儿童科普文(12—17岁)特点及翻译

《中国学生发展核心素养》[1]认为，核心素养以培养“全面发展的人”为核心，分为文化基础、自主发展、社会参与三个方面，综合表现为人文底蕴、科学精神、学会学习、健康生活、责任担当、实践创新六大素养，具体细化为国家认同等十八个基本要点。12—17岁的学生是未来的希望，该年龄段的青少年正经历关键的成长与发展阶段，也承载着塑造社会未来的责任和机遇。12—17岁正处于初高中学段，处于知识和技能快速积累期。作为未来劳动力的来源，青少年将在未来发挥己用，为社会的进步和发展提供动力。因此初高中学生需要具备科学精神，拥有科学素养。

12—17岁青少年正处于认知和逻辑思维发展的关键时期，他们逐步深化对世界的认知。科普文以通俗易懂的方式介绍科学知识，能够帮助学生理解和掌握各种领域的基础概念，有助于其构建整体系统的认知结构。除此之外，初高中生的逻辑思维能力在逐渐发展，科普文通常涉及科学事实、实验过程和推理，引导学生通过逻辑推断理解事物的本质，能帮助他们进一步发展科学思维、解决实际问题。通过阅读科普文，青少年的批判性思维也能得到提高。如今网络发达，虚假信息频出，新时代新青年需要学会对信息进行批判性接受。而科普文提供了科学观点和科学证据，青少年能学会如何辨别信息的可信度，培养对于信息的批判性思考能力。12—17岁青少年正处于选择学科方向的教育关键时期，阅读科普文能激发其学科兴趣。通过阅读自然科学与人文社科等科普书籍，他们能更好地了解各个学科的特点，这有助于他们在未来更明智地选择自己的学科方向。由于科普文章的学科多元化，因此阅读科普文有助于培养青少年跨

① http://edu.people.com.cn/n1/2016/0914/c1053-28714231.html

学科思维和创新能力。不同学科交叉能引导学生从多个角度思考问题，这对其全面发展和未来学业职业生涯发展都有积极影响(郑泳和等，2023)。

科普对于12—17岁青少年的思维、认知与未来发展都十分重要，对于如何引进国外优秀科普文、将我国优秀科普文译出并传播出去，促进科普领域的国际交流，新时代译者需要把握该阶段青少年的心理特点，了解该阶段科普文的写作风格，选用合适的翻译策略进行科普翻译。

一、12—17岁儿童特点

尽管联合国大会《儿童权利公约》[①]界定，儿童系指18岁以下的任何人，但是依照惯例，12—17岁的儿童已经步入中学阶段，惯称为青少年，因此本节将该年龄阶段儿童统一称为青少年。

进入青春期，个体身心发展也进入了一个重要阶段。大脑的发育从青春期早期到晚期呈现出了一个显著的认知发展过程(Blakemore & Choudhury, 2006)。而且，随着学习和经验的积累，个体的认知水平不断出现高低分化(李艳玮，李燕芳，2010)。初中生与高中生在思维上存在显著差异。初中学段的青少年抽象逻辑逐渐突显，但是依然基于经验的逻辑思维，其逻辑思维的形成需要感性经验直接参与作用；而高中学段的青少年逐步摆脱对感性经验的依赖，转化为理论分析类型的抽象逻辑思维。初高中生年龄差距虽然小，但认知水平与思维发展却差异巨大，且学习环境与知识摄入能极大影响学生的各项发展，因此本节将对比分析12—17岁青少年在初高中学段分别具备的特点。

青少年的思维与智力发展息息相关。人们获得知识技能后，经过不断的概括过程，相关的智力与能力就得到了发展，同时智力与能力的发展又使人们能更好、更快地获得知识和技能(林崇德，2013：127)。因此智力水平的差距也能影响青少年掌握知识、认知发展的能力。

表3-1　智力的三棱结构组成

因素	内涵	青少年特点
思维的监控	反思和反省	初中生：对思维的反省较少 高中生：对思维的反省较多
思维的品质	思维结果的评定依据，包括深刻性和敏捷性	初中生：思维较为深刻与敏捷 高中生：思维深刻性与敏捷性远高于初中生

① https://www.unicef.cn/convention-rights-child-childrens-version

续表3-1

因素	内涵	青少年特点
思维的目的	适应和认识环境	初中生：应对初中学段的教育知识；较少独立决策 高中生：应对高中学段的教育知识；较多独立决策
思维的材料	大脑中的信息	初中生：逐渐从全面依靠感性认知材料进化至选择性依靠感性认知材料；逐步依靠理性材料 高中生：选择性采用感性认知材料；理性认知材料较为深刻、概括性强；感性认知材料能准确灵活转向理性认知材料
思维的过程	为了一定目的在一定结构中加工信息	初中生：能处理较为简单的信息 高中生：能处理更加抽象的信息
思维活动中的非智力因素	与智力活动有关的理想、动机、兴趣、情感、意志、气质和性格等	初中生：处于思维萌芽发展阶段，非智力因素初步开发 高中生：处于思维进阶发展阶段，非智力因素深入开发

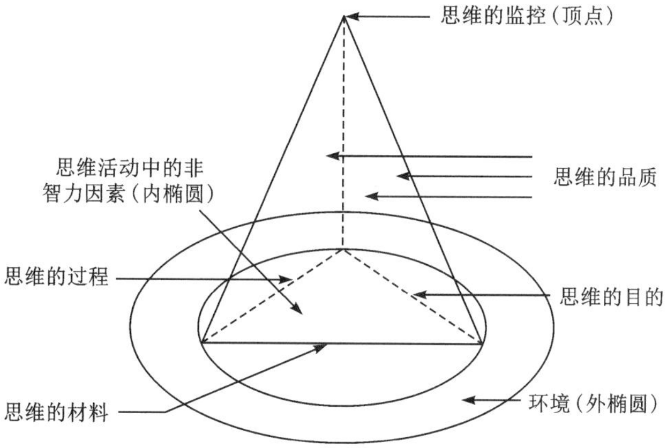

图 3-1

除了智力发展因素，初中生和高中生在外部环境等多个方面存在明显区别。在知识学习方面，初中生主要注重基础学科知识的建立，包括数学、科学、语言文学等，课程较为综合，学科间的联系性强。而高中生学科专业化程度增加，学术要求更高，学生需要选择特定的学科方向，学习更为抽象的专业知识，为下一步学习阶段做准备。因此相较之下，初中生学业任务较为轻松，更注重知识的掌握，而高中学业压力增加，学科复杂度、深度与广度提高。初中学段主要是为了给青少年建立学习与知识的系统性框架，奠定各项学科学习的基础，而高中学段则是为未来职业方向做准备，且大学阶段的能力基础基本上是在高中时段的成熟期奠定的（林崇德，2013：158）。普通高中的培养目标是进一步提升学生综合素质，着力发展核心素养，使学生具有理想信念和社会责任感，具有科学文化素养和终身学习能力，具有自主发展能力和沟通合作能力（中华人民共和国教育部，2020：3）。初中生要求具备科学精神，而高中生则需要进一步掌握科学核心素养，用科学态度观察事物与思考问题，因此初高中阶段，语文学科也引入科普文作为阅读考题，要求学生能理解文章重要字词句段含义，能理解并分析文意，筛选并整合信息，作出合理的逻辑推理和设想。而这一阅读题目的难度随学段的增加而增加，这也能看出科普文对于12—17岁青少年的认知、思维、智力等方面发展十分重要。

二、儿童科普文（12—17岁）特点

由于学段特点，为了满足其学习需求，12—17岁儿童科普文除具有一般儿童科普文的科学性、趣味性、通俗性与文学性外，在其基础上往往增添图片辅助理解、文风质朴客观陈述、使用符号语言、具有教育同步性。具体内容详述如下：

1.增添图片辅助理解

12—17岁的科普读物较之前两个年龄阶段，其知识广度与深度都有大跨步。3—11岁的科普读物中图片占据很大比例，这也是因为图片能直观解释许多青少年通过文字无法理解的科学知识。除绘本外的12—17岁儿童科普读物中也存在少量配图，这些图片不仅是为了让文字知识具象化，更是为了让这个年龄阶段的青少年掌握图表语言。

在该年龄段科普读物中，插图与文本元要存在意义对称、意义互补与意义增强三大关系（Nikolajeva & Scott，2001）。以下将从这三大关系入手分析12—17岁儿童科普文本中图文如何互动。

【例1】如果我们把时间想象成宇宙流动的方式（或者烤比萨的方式），就很容易意识到改变过去是无稽之谈。假设某天早上你8点钟醒来，然后自己煮了咖啡。唯一的问题是，这咖啡太难喝了，所以你决定跳上时光机回到早上8点，把煮咖啡换成泡茶。

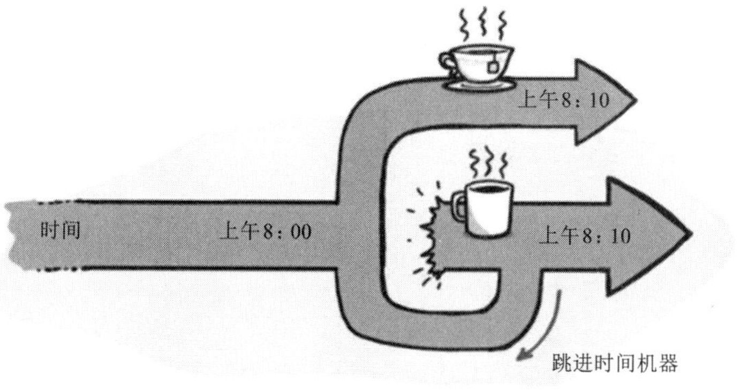

图 3-2

如果你在电影里看到这种情况，这能讲通，但从物理学的角度来看，这讲不通。从物理学的角度来看，(做出了难喝咖啡的)宇宙状态是真实存在的，却与过去的宇宙状态没有联系。如果你当初去泡了茶，那么难喝的咖啡是怎么煮出来的？在物理学家看来，这违反了因果定律：有结果(难喝的咖啡)，但没有原因(本来原因是你煮了咖啡，但你已经回到过去把煮咖啡改为泡茶了)。换句话说，这就像你没有把食材组合在一起，却做出了一个比萨。

例 1 运用比喻阐释了物理学角度对于时间的看法，文章将"宇宙流动"比作"假设某天早上你 8 点钟醒来，然后自己煮了咖啡。唯一的问题是，这咖啡太难喝了，所以你决定跳上时光机回到早上 8 点，把煮咖啡换成泡茶"。然而对于青少年而言，时间是非常抽象的东西，时光机也是不存在的，这样的抽象概念配合作者想要表达的逻辑关系，很可能让读者觉得疑惑难懂，一头雾水，于是作者在这里就插入了一张简单的图片，这张图片和文字内容紧密关联：断开的箭头表示"做出了难喝的咖啡"，所以你选择"跳进时间机器"从头来过，于是顺着另一条没有断开的箭头看下去，我们得到了一杯"泡好的茶"。图片能让原本抽象晦涩的科学知识具象化，使原文信息清晰明了。

【例 2】你可以从图 3-3 中看出褪黑素释放的典型表现。它从黄昏之后几小时开始释放。之后迅速上升，在凌晨 4 点左右达到峰值。在那之后，随着黎明的来临，它开始下降，直到早晨至上午 10 点左右降至无法检测到的水平。

运用图表语言很大程度上能够帮助青少年理解抽象概念，12—17 岁儿童科普文会适当应用条形图、折线图、饼图等图像或表格对原文信息进行辅助解释。例 2 中文本阐述了褪黑素释放的时间段，其中"褪黑素从黄昏之后几小时开始释放……早晨至上午 10 点左右降至无法检测到的水平，"虽然读者能理解字面意思，但是抽象的科学知识需要具象化才能更好地进入大脑。而图表作为

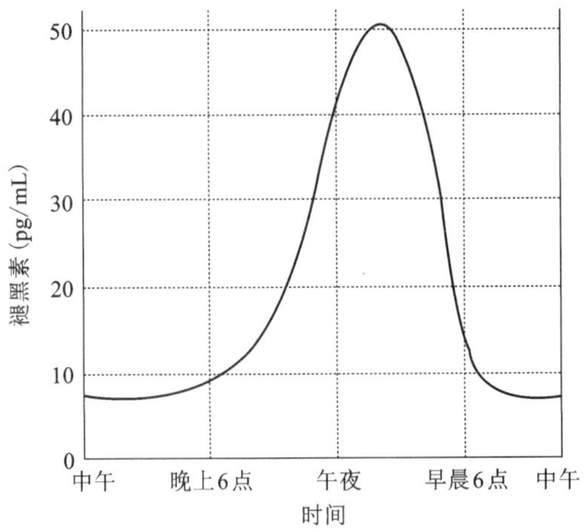

图 3-3　褪黑素释放的典型表现

绝佳的可视化工具，能让青少年对科学知识有直观的了解与把握。因此例 2 配备了一个二维线性图表，其横坐标为时间，纵坐标为人体内褪黑素含量。通过山峰一样弯曲的曲线及对应的数值，读者更清晰地掌握到褪黑素释放的时间与峰值，这也避免了读者将文字信息在脑中进一步加工，方便他们记忆并学习科学知识。

【例 3】然而双氢睾酮在毛发生长调节中扮演着两面派的角色：它在人体绝大多数的毛囊细胞中促进合成代谢，显著增加毛发的产量；却在头皮的毛囊细胞中更多地激活抑制因子，结果是让头发更快进入退行期。

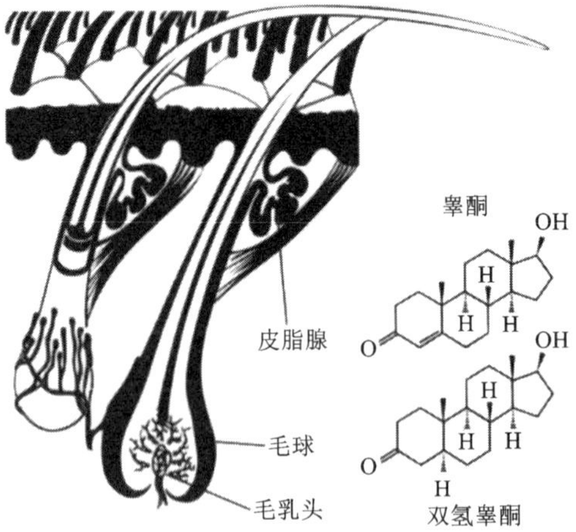

图 3-4　毛发组成部分与双氢睾酮结构图

例3选自一篇关于头发的儿童科普文。文中阐述了影响毛发生长的物质——双氢睾酮的作用，还配图展现了毛发的组成部分与双氢睾酮的结构图(如图3-4)。科普文本中，图文意义对称指文字与图片相互配合，承担不同功能，但共同服务于一个明确的信息目标。文字提供详细解释与背景信息，而图片则通过直观的视觉表现帮助读者理解记忆信息，有效提升科普效果。通过绘制展示毛发的横切面，读者能直观了解自己毛发的形态与构成。

【例4】 Rocks are constantly changing. Over millions of years, they can be exposed to heat, pressure, weathering, and erosion. This cycle is called the rock cycle, and it transforms rocks from one type to another.

例4源自一篇与岩石相关的儿童科普文。文章用语言阐述了岩石的演变，并配上图片将循环图(如图3-5)展示出来。如果只是单纯用文字讲解岩石的演变，则会让科普文章成为枯燥无味的文本，而配备图表能平衡了科学知识的专业性与书面表达的艺术性，用较为生动直白的方式传播信息。

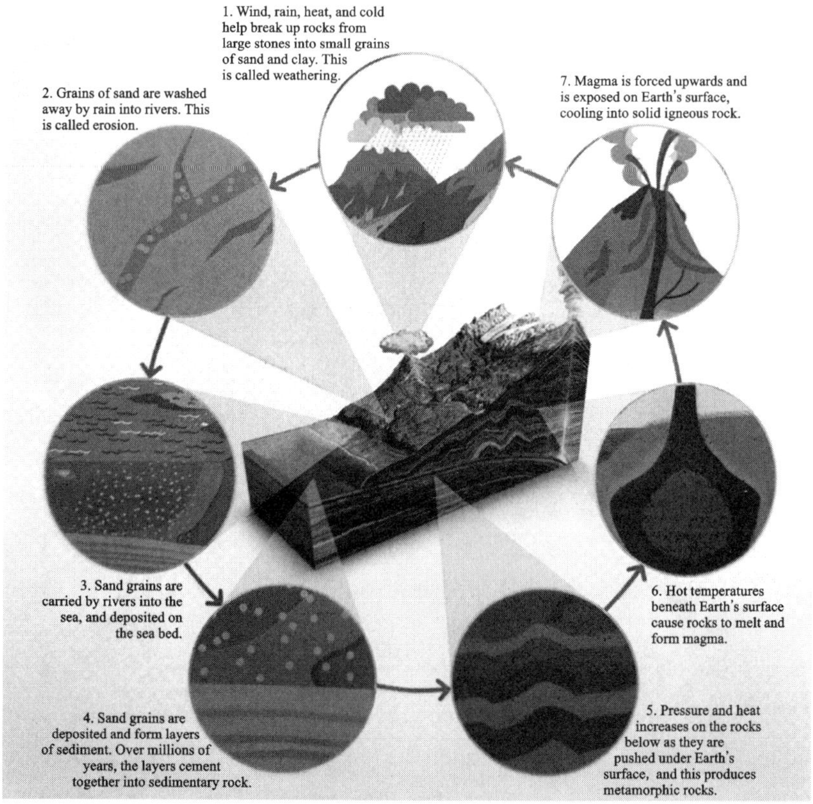

图3-5　岩石演变循环图

2. 文风质朴客观陈述

12—17 岁儿童科普文不如 3—11 岁儿童科普文那样具有童趣及艺术色彩，往往文风质朴。语言具有统一性与连贯性，较少使用描述性形容词及具抒情作用的词汇，极少为渲染语言而使用各类修辞格，避免产生文华而内虚之感。12—17 岁儿童科普文强调叙事推理与客观事实，其描述对象主要为客观物质、现象、过程等，语言陈述较为客观。

【例 1】如果身体的折射率是与水一样的话，由于水对光线的折射率大于空气的折射率，就会让透明人的身体轮廓显现出来。因此，要想实现完完全全的透明状态，就必须让身体的折射率变得和空气一样。人类的眼球中有能起到类似镜头作用的晶状体，而晶状体是由被称为“晶状体球蛋白”的透明状蛋白质组成的。这使得晶状体的折射率会比水还大一些。而眼角膜与玻璃体则与水有着相近的折射率。

例 1 选自科普物理知识——折射率的儿童科普文。为防止偷换概念、逻辑混乱，儿童科普文往往采用客观的陈述方式进行知识科普。例 1 中对于“由于”“因此”，关联词“如果……就”等词的运用展现出该年龄阶段儿童科普文所具有的逻辑性，文章少用描述性的形容词，避免了文饰过多而产生的浮华之感，展现了该年龄阶段儿童科普文朴实的语言特征。

【例 2】干冰，就是固态的二氧化碳(也称碳酸气体)。干冰可以不经过液态，直接转变为气体。我们将这种固态不经过液态，直接变成气态的变化过程叫作“升华”。厕所中使用的芳香剂、衣橱中使用的防虫剂会一点点地变少，就是升华造成的。

例 2 介绍了“干冰”这一物质及其“升华”的物理过程。文章使用简练明了的语言，直截了当地解释了干冰是固态的二氧化碳，并介绍了其特殊的升华过程。文章表述客观，没有引入主观感情色彩或夸张修饰，而是以事实为基础，通过简单的陈述向读者传递科学知识，使读者能理性地理解干冰的性质和升华的过程。除此之外，文章通过实际例子，如厕所中的芳香剂和衣橱中的防虫剂，使抽象的科学概念变得具体而贴近生活，使读者更容易理解并与日常经验相联系，同时确保读者对于干冰和升华过程的理解是基于科学事实而非主观情感。

【例 3】It's important to conduct experiments safely to avoid any accidents happening. Sometimes, chemistry experiments can involve corrosive acids or heating substances, so there's a risk of being injured or burned. The safety equipment shown here helps make experiments safer.

例3源自一篇关于化学的儿童科普文，原文主要阐述了实验安全的重要性，表示化学实验可能涉及腐蚀性的酸性物质或需要加热的物质，存在受伤或烧伤的风险，并提示读者哪些为能保护自己免受伤的安全设备。文章语言相对直接，在描述实验安全时使用了专业的技术性语言，如“腐蚀性酸”和“加热物质”。这有助于确保准确传达实验可能涉及的危险性质，同时为读者提供了科学准确的信息。此外，文章以客观的方式陈述了实验安全的必要性，没有夸大其词或引入主观情感，通过突出实验中可能存在的风险，强调了科学实验所需的严谨性和预防措施。通过实例(如腐蚀性酸和加热物质)突显实验可能的危险性，向读者传递科学实验安全的重要性，提高他们对潜在风险的认识。

【例4】与绝大多数的哺乳动物和鸟类相似，人是恒温的内温动物，这类动物在所有动物中维持体温的能力最强，维持体温的系统也进化得最为复杂。其中，内温是指动物通过新陈代谢来维持体温的能力，这一能力先于恒温动物出现。例如，蟒在孵卵时通过间歇性的强有力的轴肌收缩产热，能让体温高出周围环境温度7℃之多，以维持孵化需要的温度，但它并不是恒温动物。

例4摘自一篇关于恒温动物与变温动物的儿童科普文。文章采用了学术性的语言，如“内温动物”、“新陈代谢”、“恒温动物”等术语，以准确描述人类和其他动物的生理特征，使文章更具科学性。作者以客观的态度陈述了关于人类和其他动物的内温动物特性，并对复杂概念进行了解释，如内温动物通过新陈代谢来维持体温的能力。通过与其他动物(如蟒)进行比较，文章阐述了内温动物的特点，向读者展示动物如何适应环境和维持体温的能力。

3. 使用符号语言

青少年科普图书的内容文字要用新的、规范的科学用语，如量的单位、符号、专有技术名称等(郑璇，2016)。青少年科普文往往会采用符号语言，这有助于简化抽象的科学概念，使其更易于理解。符号语言属于规范的科学用语，使用此类语言有助于培养其科学素养，顺利适应进阶的科学知识学习，建立起扎实的科学基础。此外，统一的符号语言能确保传递的信息准确清晰，科普文能让青少年熟悉和理解相关领域的专业术语，提高科学沟通的效率，为其终身学习奠定坚实基础。

【例1】将这个最低温度定为0，比起摄氏温度——以水结冰时的温度为基准，这样的定义更具合理性。而这种表示温度的方法就叫作“绝对温度”，并以科学家开尔文名字的第一个字母K(开)来作为单位。其刻度间隔与摄氏温度相同。

例1涉及“绝对温度”的单位“K”，科普文偶尔会运用符号语言科普知识。符号语言一般指语言符号，语言符号是由音、义的结合构成的。符号是一种通用的表达方式，可以跨越语言障碍，使得信息传递更为直观而高效。对于青少年来说，这种直观性有助于他们更好地理解科学原理，建立起对科学的兴趣。这种通过图像、符号等多种方式表达信息的方法使得信息更具可视化和表现力，在快速传递信息的同时还能跨越语言与文化的障碍，提高科学交流的效率。

【例 2】国际单位制中，将发现万有引力的牛顿的名字作为表示力量大小的单位，写作“牛顿(N)”。以前，在中学理科教学中还曾用过“克重(g 重)”和“千克重(kg 重)”这样的单位。大概从十几年前开始，中学理科教科书都统一采用“牛顿”单位了。

例 2 提到了过去使用的“克重”和“千克重”单位，为读者提供了一个历史的背景，突显了单位制度的演变和统一。文章涉及多个符号语言如“牛顿(N)”“克重(g 重)”和“千克重(kg 重)”等单位符号，符合国际单位制的规范，有助于简化科学表达，使得概念更加清晰准确，让文章更具严谨性。

【例 3】If Omega is greater than 1, then there is sufficient matter and gravity in the universe to ultimately reverse the cosmic expansion. As a result, the expansion of the universe will come to a halt, and the universe will begin to contract. (Like the rock thrown in the air, if Earth's mass is great enough, the rock will eventually reach a maximum height and then come tumbling back to Earth.) Temperatures will begin to soar, as the stars and galaxies rush toward each other. (Anyone who has ever inflated a bicycle tire knows that the compression of gas creates heat. The mechanical work of pumping air is converted into heat energy. In the same way, the compression of the universe converts gravitational energy into heat energy.) Eventually, temperatures would become so hot that all life would be extinguished, as the universe heads toward a fiery “big crunch”.

例 3 来自一篇关于物理的儿童科普文，文中阐释了如果欧米加大于 1 会导致宇宙收缩，温度飙升，导致宇宙紧缩生命灭绝。文章使用了符号“Omega”表示宇宙的密度参数。这个符号在天体物理学中常用于描述宇宙的演化和膨胀。这一符号有助于简化对复杂概念的表达，使得读者可以更直观地理解文章中的物理原理。运用符号语言，科普文章能增强其科学性和可理解性，使抽象的概念更为具体，为读者提供了更直观的科学体验。

4. 具有教育同步性

12—17 岁青少年正处于初高中学段，对于科普文的编写提出了特殊要求。该阶段科普文不仅需要与初高中的知识相对应，还要充分考虑青少年的认知水平、兴趣点和学科需求。科普读物中增添了趣味性与互动性强的拓展内容，既是对学校学习极好地补充，又避免了正规科学教育的抽象和枯燥，使阅读向知识型、个性化阅读、兴趣型阅读转化(高立波，2020)。12—17岁的青少年认知能力逐步提升，逐渐具备抽象思考和逻辑推理能力，其学科教育知识也更为广泛和深入，科普文应当在知识内容上与初高中的教育体系相契合，辅佐青少年构建更为系统完整的学科知识。

【例1】 Isotopes are different forms of the same element, where the atoms have the same number of protons but a different number of neutrons. For example, a typical magnesium atom has 12 protons, 12 neutrons, and 12 electrons. But some magnesium atoms have more neutrons. They are still magnesium atoms, just a different isotope of magnesium.

Magnesium has three isotopes; magnesium-24, magnesium-25, and magnesium-26. Their abundance is how common they are on Earth, and is given as a percentage.

例1介绍了“同位素”的概念，以“镁元素”为例子展开描述。初高中化学学科中会接触到同位素的概念，考虑到学科知识的适宜性，科普文会与学校教材相呼应，有助于巩固和延伸课堂学习。科普文可以使用生动有趣的方式呈现学科知识，通过案例、实例等形式，使得抽象的学科知识更为具体和容易理解，从而使青少年更加轻松掌握学科知识。由此可见该科技文本做到了“教育同步性”，与读者所学知识相结合，充分连接了青少年课堂内外。

【例2】 当手捧东西时，松开手物体就会下落。这在地球对面一侧的南美洲也好、南半球的澳大利亚也好，都是同样的结果。地球上任何位置的物体都会受到向着地球中心的方向，即所谓的“下方”的重力的吸引。

重力，准确地说，应该是指在地球上处于静止状态的物体，其受到的地球万有引力与地球自转离心力的合力。赤道上的离心力最大，但即便如此，也不过约等于引力的1/290。

例2讲述了“重力”这一概念。首先叙述在南半球物体做自由落体运动的原因是“重力”，再对“重力”进行了更详细的阐述，其中运用到“准确地说”等词体现出科技文体科学性、准确性的特点，又与“引力”进行对比，“1/290”体现出科技文体的严谨性。除此之外对这一初中物理知识的讲述，也体现出教育同步性，如此一来既丰富了课外知识又巩固了课内所学。面向12—17岁青少年的科普文需要考虑其认知水平和学科知识，要与初高中的知识相对应，还要具有趣味性和启发性，通过各种形式引导青少年深入学科知识，激发他们对科学的浓厚兴趣，推动他们全面发展。这样的科普文既能够帮助他们更好地应对学业挑战，也能培养其积极向上的探索精神。

三、儿童科普文(12—17岁)翻译

儿童科普文的特点也造就了此类文本的特性，由于文本自身的准确性与专业性，因此翻译时也应保证术语准确，忠于原意；考虑文本的平衡性与知识性，译文也应保留风格，利于传播。除此之外，翻译此类文本还应注意调整句式，文从字顺；强调段落转化，贴合习惯。

1.术语准确，忠于原意

儿童科普文中专业术语的数量虽然相对较少，却具备强大的信息功能。考虑到术语的重要性，术语翻译也应严格遵守翻译的信息等价性标准，要求查找已确立的标准译法，如果遇到未翻译过的术语，则应根据术语本身的类型与造词方法采取音译、意译、直译、不译等翻译策略。

【示例】

原文：汽车是一种利用发动机提供动力的交通工具。它的主要部分包括车身、发动机、轮子和传动系统。发动机是汽车的“心脏”，它通过燃烧燃料(如汽油或柴油)产生动力。这个动力通过传动系统传递到轮子上，使汽车能够行驶。车身则保护车内的乘客和货物。汽车还配备有刹车系统、方向盘和悬挂系统，这些部件确保汽车能安全驾驶和舒适乘坐。现代汽车还可以装配导航系统和多媒体娱乐设备，让驾驶更加方便和愉快。

译文：A car is a vehicle that uses an engine to provide power for transportation. Its main parts include the body, engine, wheels, and transmission system. The engine is the “heart” of the car, generating power by burning fuel like gasoline or diesel. This power is transferred to the wheels through the transmission system, allowing the car to move. The car body protects the passengers and cargo inside. Cars also have brakes, a steering wheel, and a suspension system, which ensure safe driving and comfortable rides. Modern cars can also be equipped with navigation systems and multimedia entertainment to make driving more convenient and enjoyable.

该例选自某玩具汽车的儿童科普文，译文中术语皆翻译准确，其中发动机(Engine)指汽车的动力源，通过燃烧燃料产生动力。传动系统(Transmission System)为将发动机产生的动力传递到轮子的系统。方向盘(Steering Wheel)负责控制车辆方向的部件。悬挂系统(Suspension System)为提高驾驶舒适性和车辆操控性的系统。导航系统(Navigation System)是提供方向指引的设备。若术

语错误则可能造成读者理解错误，违背了儿童科普文的写作目的。因此，为保证该文本的准确性与专业性，其翻译的重点也落在于其术语的正确翻译。

2. 调整句式，文从字顺

英汉两种语言句子语序差异性较大。汉语注重隐性连贯，而英文重显性连贯。比较而言，汉语的形合手段要比英语少，重意合而不重形合，词语之间的关系常在不言之中，语法意义和逻辑关系常隐含在字里行间。汉语的意合常常采用语序、反复、排比、对偶、对照、紧缩句、四字格等手段。英语注重形合，注重结构、形式，经常借助各种连接手段。英语形态手段功能相对较强，主要依赖显性的、规范的形态变化表示语法意义(秦平新，2010)。

【例1】

原文：When we talk about steel, we often say that it's shiny, it conducts heat and electricity. These are physical properties of steel. We also say that steel is strong and elastic. These are mechanical properties of steel. We say that steel is made from iron and carbon, steel rusts easily. These are chemical properties of steel.

译文：钢有许多特征，它的光泽、导电性和导热性属于物理学特性；它的硬度和弹性属于力学特性；它的元素构成、易腐蚀性属于化学特性。

例1源自一则关于钢的儿童科普文，其中"… it conducts heat and electricity. These are physical properties of steel." "We also say that steel is strong and elastic. These are mechanical properties of steel." "We say that steel is made from iron and carbon, steel rusts easily. These are chemical properties of steel."为三个平行的句子，分别阐述了钢的物理特性、力学特性与化学特性。如果单纯按字面意思翻译而不对语序加以调整，则会变成"我们说它导电、导热。这属于物理学特性""我们说它坚固有弹性。这是钢的力学性。""我们说钢是由铁和碳制成的，很容易生锈。这是钢的化学特性。"这样一来句子逻辑不连贯，语言表达不地道，因此译者在翻译时应适当调整句式，使译文通顺。

【例2】

原文：本玩具利用胶囊形式封装。胶囊通常由两部分构成，使用者可将这两部分打开从而接触玩具内部。胶囊玩具具有在自动售货机储存售卖的优点。此类玩具在亚洲很受欢迎，被称为扭蛋。胶囊玩具的缺点在于其体积限制了玩具设计可能性。

译文：One mechanism for packaging toys is via a capsule. The capsules are often formed of two parts that can be opened by a user to provide access to a toy inside. An advantage of capsule toys is that they can be stocked and delivered from vending machines. These toys are very popular in Asia where they are known as gashapon. A disadvantage of capsule toys is that the volume of the capsule limits the toys designs possible.

例 2 源自于一篇关于玩具的儿童科普文。其中“胶囊玩具具有在自动售货机储存售卖的优点”若通过直译则译为“Capsule toys have the advantage of being stored and sold in vending machines.”，这样的译文具有较大主观性且不符合行文习惯，因此译者需要克服原文行文习惯桎梏，译出流畅清晰的译文。

3. 段落转化，贴合习惯

逻辑连接是语篇内深层次的最普遍的连接或衔接，最能体现英汉两种语言异同之处(何善芬，2002)。由于英汉思维逻辑的不同，其叙事方式与语篇构造也有差别。为符合译入语读者的语言习惯，译者在进行儿童科普文翻译时也要通过添加关联词、调整语序等方法进行段落转换。

【例 1】

原文：There are also other applications of nanotechnology in medicine which could be applied to cure cancer. With the help of carbon tubes, the drug could be pin-pointedly delivered to the cancer tumors and make a better condition for the patients to fight against this disease. One important outcome from our research is SWIR imaging to scan for breast cancer easily in the future. In many cases, the cancer tumors have to be removed but the amount of the cancer growth is often not clear for surgeons. Then, many cancer patients may die when the cancer comes back after some time.

译文：除此之外，纳米技术在其他方面也有许多应用，如癌症的治疗。在碳素管的帮助下，药品可以被直接输送到病灶部位。我们的研究在未来的一个重要方向就是利用短波红外成像技术快速、方便地检测乳腺癌。

在许多情况下，肿瘤必须切除。但外科医生常常没办法一下子弄清楚肿瘤生长的数量。于是，许多癌症患者可能会遇到癌症复发的情况。一个原因是癌细胞不能被准确定位和追踪，导致其没能被完全清除，而残留的癌细胞就增加了患者再次患病的风险。

例 1 源自一篇与纳米技术相关的儿童科普文。对比原文译文可见，原文只包含一个段落而译文却分为两个段落，译文在“在许多情况下，肿瘤必须切除”这一句将文章进行分段，第一段落主要简介纳米技术的应用，第二段落则详述了纳米技术在癌症治疗领域的应用。由此来看，译者对于段落的切分十分合理，可以帮助读者更好地理解文章。

【例2】

原文：Some statements in Python, like the if statement, need a block of code to tell them what to do. In the case of the if statement, the block tells Python what to do if the condition is true.

It doesn't matter how far you indent the block, as long as the whole block is indented the same amount. A convention in Python is to use four spaces to indent blocks of code. It would be a good idea to follow this style in your programs.

译文：Python中的一些语句(如if语句)需要一个代码块来告诉它们具体做什么。对于if语句，代码块会告诉Python在条件为真时做什么处理。

但是，代码块缩进多少字符并不重要，只要保证整个代码块缩进的程度一样就可以了。在Python中有这样一个惯例：每次都将代码块缩进4个空格。在你的程序中最好也遵循这种风格。

例2选自某篇与编程相关的儿童科普文。此处讲述了Python中"缩进"的概念。原文中"It doesn't matter how far you indent the block, as long as the whole block is indented the same amount."为第二段之首，从字面含义来看并不具备逻辑关系，而译者却将其译为"但是，代码块缩进多少字符并不重要，只要保证整个代码块缩进的程度一样就可以了"。这是出于对儿童读者特点的考虑作出的选择。儿童读者由于理解能力受限，在阅读儿童科普文时尤其需要逻辑关联词的指引从而降低阅读难度。因此在翻译儿童科普文时译者需要结合目标读者特点考虑是否选择将内部逻辑明晰化，以达到文本的传播目的。

4.保留风格，利于传播

前面论述了儿童科普文的特点，为最大程度保证译文读者获得与原文读者相似的体验，利于文本的传播，译者应保证译文与原文风格的一致。此处结合翻译案例分析译者在翻译儿童科普文时如何保留风格。

【例1】

原文：To the unaided eye, the WMAP map of the sky looks rather uninteresting: it is just a collection of random dots. However, this collection of dots has driven some astronomers almost to tears, for they represent fluctuations or irregularities in the original, fiery cataclysm of the big bang shortly after the universe was created. These tiny fluctuations are like "seeds" that have since expanded enormously as the universe itself exploded outward. Today, these tiny seeds have blossomed into the galactic clusters and galaxies we see lighting up the heavens. In other words, our own Milky Way galaxy and all the galactic clusters we see around us were once one of these tiny fluctuations. By measuring the distribution of these fluctuations, we see the origin of the galactic clusters, like dots painted on the cosmic tapestry that hangs over the night sky.

译文：WMAP 卫星所拍摄的天空图用肉眼看上去并不怎么有趣，只是一群随机分布的斑斑点点。然而，这些斑斑点点却让一些天文学家激动得落下眼泪，因为它们代表了在宇宙创造之后不久所发生的大爆炸所产生的原始火灾的波动和不规则。这些小的波动就像"种子"一样从此以后无限膨胀，就像宇宙本身向外爆炸一样。今天，这些小的种子发展成我们所看到的照亮天空的星团和星系。换句话说，我们所在的银河系(Milky Way galaxy)和我们周围的星团曾经是这些波动之一。通过测量这些波动的分布，我们看到星团的起源就像画在天上的宇宙织锦上的小点。

例 1 源自一篇宇宙相关的儿童科普文。原文用词较为简单，多用生动的语言描绘概念，因此译文也保留这一风格特点，如"However, this collection of dots has driven some astronomers almost to tears"，作为科技说明文的导入段落，该句描述了天文学家们对天空图的反应，展示天空图的重要性，从而让儿童读者产生深入阅读的兴趣。译文将其译为"这些斑斑点点却让一些天文学家激动得落下眼泪"，不仅完整译出了原文的含义，还保留了语言的生动性。

【例 2】

原文：Until now, we are still making amazing discoveries about our solar system. For example, the dwarf planet Sedna was discovered in 2003 by a team led by Mike Brown, an astronomer at the California Institute of Technology. It is discovered using the Samuel Oschin Telescope at the Palomar Observatory. Sedna is one of the most distant bodies found in our solar system, someone says that it is in "the most lonely place in our solar system". Sedna has a highly elliptical orbit around the Sun, which means it ranges in distance from 76 astronomical units (AU) at perihelion to 936 AU at aphelion. And it could take more than 10, 000 years for it to orbit the Sun. AU is the astronomical unit, it is a unit of length, roughly the distance from Earth to the Sun. Now you know how far it is and why we call it the loneliest one.

译文：直到现在，太阳系仍在不断带给我们惊喜。例如，加州理工学院的天文学家迈克·布朗领导的团队在 2003 年发现太阳系中的一颗矮行星"塞德娜"。在搜索过程中，布朗的团队利用了帕洛玛天文台的"塞缪尔·奥斯钦"望远镜。

塞德娜是太阳系中发现的最遥远的天体之一，有人说，它处于"太阳系中最孤独的地方”。塞德娜有一个围绕太阳的高度椭圆形轨道，这意味着它离太阳的距离从近日点的76个天文单位(AU)到远日点的936个AU不等。而它绕着太阳运行一圈可能需要超过1万年的时间。AU是天文学中的长度单位，大概等于从地球到太阳的距离。现在你知道它离我们有多远了吧，这也是为什么我们称它为最孤独的一个。

例2源自一篇关于太阳系的儿童科普文，原文术语较多，包含非言词符号，但由于原文是由专家口述而成的，因此文中不免出现口语性较强的语句。译文正确翻译了原文中的术语如“塞德娜”“帕洛玛天文台”等，也保留了“天文单位(AU)”的非言词符号，除此之外，对于口语性较强的语句“Now you know how far it is and why we call it the loneliest one”，译文也对其风格进行保留，译为“现在你知道它离我们有多远了吧，这也是为什么我们称它为最孤独的一个”。对于科技说明文而言，选择性地保留其风格而非一味专业化、正式化是其成功传播的一大重要因素。

儿童读者具有发展性，不同年龄段的儿童具有不同的特点，因此在进行儿童科普文翻译时，首先要细化目标读者，再选择合适的翻译策略。以下选取了数篇读者为12—17岁儿童的科普文，针对其文体特点与翻译策略进行分析。

【例1】

原文：To slip between these worlds is within the laws of physics. But it is extremely unlikely; the probability of it happening is astronomically small. But as you can see, the quantum theory gives us a picture of the universe much stranger than the one given to us by Einstein. In relativity, the stage of life on which we perform may be made of rubber, with the actors traveling in curved paths as they move across the set. As in Newton's world, the actors in Einstein's world parrot their lines from a script that was written beforehand. But in a quantum play, the actors suddenly throw away the script and act on their own. The puppets cut their strings. Free will has been established. The actors may disappear and reappear from the stage. Even stranger. They may find themselves appearing in two places at the same time. The actors, when delivering their lines, never know for sure whether or not they are speaking to someone who might suddenly disappear and reappear in another place.

译文：从这个世界走到另一个世界，物理学定律是允许的。但是这个可能性很小很小，也就是说发生的概率是非常非常小的。并且正如你能看到的，量子理论对我们的宇宙的描述比爱因斯坦的描述要奇怪得多。在相对论中，我们表演的生活舞台可以是橡胶皮做成的，当演员在舞台上活动时走过曲线的路径。在爱因斯坦世界中的演员也像牛顿世界中的演员一样，鹦鹉学舌地背诵事先写好的剧本台词。但是在量子世界的表演中，演员会突然扔掉剧本按他们自己的意愿表演。就好像木偶扯断了拴住它们的线，按它们自己的意愿表演一样。演员可以从舞台消失又重新出现。甚至陌生人也是这样，他们可能会发现他们自己同时出现在两个地方。演员在念他们的台词时不能确切地知道是不是在对某个可能突然消失而又出现在另一个地方的人讲话。

例1选自一篇关于天文学的儿童科普文。原文属于行业专家口述编成的科技说明文，口语性较强，甚至存在省略句如“Even stranger”。译者在翻译时考虑到儿童读者的知识程度与接受水平进行了适当转换，如“But it is extremely unlikely; the probability of it happening is astronomically small”并未直译为“但这是极不可能的；发生这种情况的可能性极小”，而是将“unlikely”转换词性译为“可能性”，采用“概率”一词其概念互换，既完整传达原文的含义，又不显冗余。对于省略句“Even stranger.”译者需结合上下文理解，了解原文想要强调的究竟是什么，再对文意进行补充译为“甚至陌生人也是这样”。译文增译了“也是这样”，代指前文出现的概念，保证了文章的逻辑性。翻译儿童科普文需要译者灵活采取各种翻译策略，不可直译硬译，须以读者为中心，考虑读者的阅读水平与思维逻辑，对译文进行加工重构。

【例2】

原文：This technology can take on cancer diagnosis from other perspectives. A new topic in biology is the study of “extracellular vesicles”, among which one of the most studied is called an “exosome”. The exosome is a nanoscale messenger. It functions like a letter sent between cells for communication purposes. It contains proteins and nucleic acids that can give instructions to nearby cells. Not only do normal cells release these exosomes, but cancer cells also release them, often in much higher numbers than normal cells. In fact, cancer cells can use exosomes to send false information to trick the white blood cells that are supposed to eliminate them. Using Raman spectroscopy, we can study the chemical composition of each individual exosome and see that every exosome is a little bit different from one another. Regarding this, scientists use a tool called optical tweezers to pick up each single exosome and examine them closely. We found that the surface protein of the exosome is different between a cancer cell and a healthy one, which can provide new information for cancer studies, cancer diagnosis, and possibly cancer treatments.

译文：这项技术还可以从其他角度对癌症进行诊断。目前，“细胞外小体”的研究是生物学中的一个新兴领域，其中最受关注的是“外泌体”。外泌体是一种纳米级大小的信使，它的功能类似细胞之间沟通时所发送的“信件”。外泌体包含蛋白质和核酸，可以向附近的细胞发出指令。但是，不仅正常细胞会释放外泌体，癌细胞也会，而且数量往往比正常细胞多得多。事实上，癌细胞可以利用外泌体发送虚假信息，来欺骗本应消灭它们的白细胞。在拉曼光谱仪下，我们能够研究每一个外泌体的化学成分，并分析它们之间的微小差异。针对这一点，科学家们使用一种叫作“光镊”的工具，挑选出单个的外泌体进行深入研究。我们用这种方法发现，癌细胞和健康细胞的外泌体有着不同结构的表面蛋白。这无疑将为癌症的研究、诊断及可能的新治疗手段提供参考。

例2取自与光技术有关的儿童科普文。原文中有大量术语如“extracellular vesicles”“exosome”“Raman spectroscopy”等，根据术语准确性原则，译文将所有术语都正确译出。原文使用了“we”这一主语以拉近读物与读者之间的距离，考虑到儿童读者的思维特点，译文也保留了这一特点，以互动的方式保持读者的阅读兴趣。翻译儿童科普文时，除了原文本身的风格，译者可以做适当处理使译文更加贴合儿童的思维习惯。若原文本身具有儿童本位性则保持原文风格即可；若原文相对晦涩难懂，译者需以更为流畅平实的语言进行翻译，以符合12—17岁儿童的知识储备与理解能力，助力科技说明文的传播。

【例3】

原文：Electrons, in fact, regularly dematerialize and find themselves rematerialized on the other side of walls inside the components of your PC and CD. Modern civilization would collapse, in fact, if electrons were not allowed to be in two places at the same time. The molecules of our body would also collapse without this bizarre principle. Imagine two solar systems colliding in space, obeying Newton's laws of gravity. The colliding solar systems would collapse into a chaotic jumble of planets and asteroids. Similarly, if the atoms obeyed Newton's laws, they would disintegrate whenever they bumped into another atom. What keeps two atoms locked in a stable molecule is the fact that electrons can simultaneously be in so many places at the same time that they form an electron “cloud” which binds the atoms together. Thus, the reason why molecules are stable and the universe does not disintegrate is that electrons can be many places at the same time.

译文：事实上在你的PC机和CD盘构件的内部，电子规则地消失在墙壁的一侧并出现在墙壁的另一侧。事实是，如果不允许电子同时出现在两个地方，现代文明就会崩溃。没有这个奇异的原理，我们身体内的分子也会崩溃。想象两个太阳系在空间，由于牛顿的引力定律而碰撞。碰撞的太阳系会崩溃，形成混乱的一堆行星和小行星。类似地，如果原子服从牛顿的定律，只要它们与另一个原子撞击就会破裂。将两个原子锁定在一个稳定的分子里的原因是：电子可以同时处在很多的位置，从而形成电子“云”将两个原子绑在一起。因此，分子稳定和宇宙不破裂的原因是电子能同时处在很多位置。

例3选自有关宇宙的儿童科普文。此处讲述了电子有关的科学知识。原文“Imagine two solar systems colliding in space, obeying Newton's laws of gravity.”，直译应为“想象两个太阳系在空间碰撞，遵守牛顿的引力定律”。译者考虑到译入语读者的语言习惯，对语序进行了调换，译为“想象两个太阳系在空间，由于牛顿的引力定律而碰撞”。原文“What keeps two atoms locked in a stable molecule is the fact that electrons can simultaneously be in so many places at the same time that they form an electron “cloud” which binds the atoms together.”包含36个词而未断句，译者考虑到译入语读者的接受性与语言构造的差异性，将其拆分译为“将两个原子锁定在一个稳定的分子里的原因是：电子可以同时处在很多的位置，从而形成电子“云”将两个原子绑在一起”。

【例4】

原文：How do dolphins hear these sounds? The fat tissue in the innerest part of the melon, it is of the same density of water. This tissue functions like a lens and can change its shape, transmitting the sound out in different directions. Around the jaws of a dolphin exists similar fat tissues. When the sound comes, fat tissues inside the jaw bones will perceive them, later transmit them to inner parts of dolphin ears that are also surrounded by the same fat tissues. Though they have ears, and also ear canals, due to different structures from those of a human being, dolphins cannot hear as well out of water as they do under.

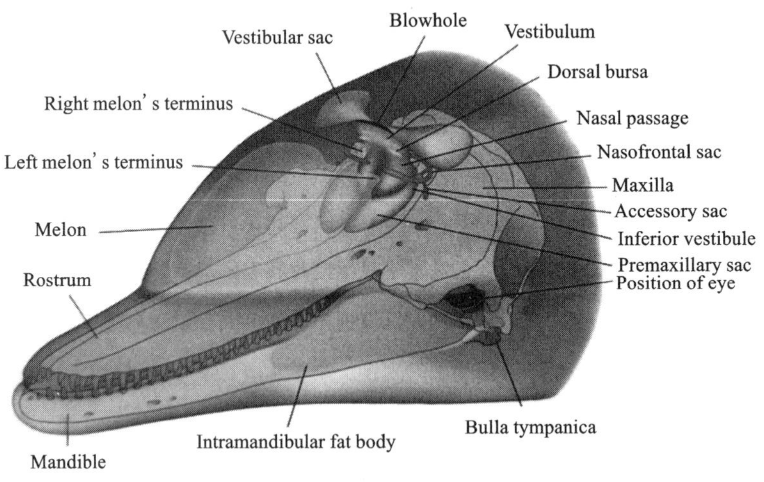

图3-4 海豚的生理构造及发声系统(英)

译文：这些声音在发出来后是怎么被海豚听到的呢？海豚额隆里的脂肪组织和水的密度是一样的。这些组织的功能就像一个透镜，可以通过改变形状来把声音传到各个不同的方向和角度。在海豚的下颚周围也存在着类似的脂肪组织。当声音传来时，颌骨内的脂肪组织就会感知到它们的震动，然后将声音传到海豚耳朵的内部，而海豚的耳朵也被同样的脂肪组织包围。虽然它们有耳朵，也有耳道，但由于结构与人类不同，海豚在水面上的听力不如在水下时的好。

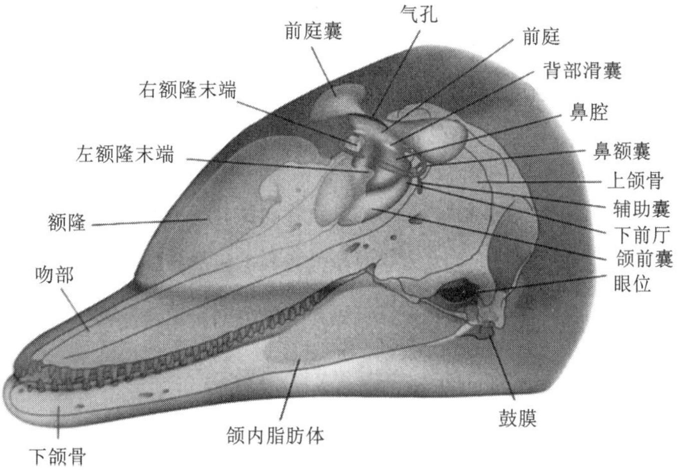

图 3-5　海豚的生理构造及发声系统(中)

例 4 选自一篇儿童科普文，原文为科普海豚的生理构造及发声系统，因此译文需遵循原文准确性与流畅性，在保证术语准确翻译的同时使用翻译策略对译文进行适当信息添补或转换，使译文符合译入语读者的阅读习惯。如“melon”为海豚头顶上的球形，中文为“额隆”。原文“how do dolphins hear these sounds”直译为“海豚是如何听到那些声音的呢”，但是结合上下文篇章逻辑，译者将其处理为“这些声音在发出来后是怎么被海豚听到的呢?”除此之外，图 3-4 与图 3-5 中的术语也对译者的专业性提出了极高的要求，译者需深入了解领域知识，对术语进行准确翻译。

【例 5】

原文：A clean way to store things

Using names in Python is like going to a dry cleaner. Your clothes are placed on a hanger, your name is attached, and they are put on a big, revolving hanger-trolley. When you go back to pick up your clothes, you don't need to know exactly where they are stored on the big hanger-trolley. You just give the person your name, and they return your clothes. In fact, your clothes might be in a different spot than when you brought them in. But the dry cleaner keeps track of that for you. All you need is your name to retrieve your clothes.

Variables are the same. You don't need to know exactly where in memory the information is stored. You just need to use the same name as when you stored it.

译文：一种简洁的存储方法

在 Python 中使用名字就像是干洗店给衣服加标签。你的衣服挂在晾衣架上，上面附着写有你的名字的标签，这些衣服都挂在一个巨大的旋转吊架上。当取衣服时，你不需要知道它们存放在这个大型吊架的具体哪个位置。你只需要提供名字，干洗店的人就会把衣服交还给你。实际上，你的衣服可能并不在原先所放的位置。不过，干洗店的人会为你记录衣服的位置。所以，要取回你的衣服，只需提供你的名字即可。

变量也一样。你不需要准确地知道信息存储在内存中的哪个位置。只需要记住存储变量时所用的名字，再使用这个名字就可以了。

例 5 选自儿童科普文中有关编程的片段。原文将在 Python 中使用名字形象比喻为干洗店给衣服加标签，使用较为通俗的语言解释较为抽象的知识，这也是该书广泛传播的一大优势。译者为利于传播，考虑译文与原文风格一致，保留了原文小短句陈述的特点。且译者根据篇章内逻辑结构适当添加信息辅助读者理解，如"You just need to use the same name as when you stored it."译为"只需要记住存储变量时所用的名字，再使用这个名字就可以了"。

四、翻译检索技术进阶——语料库检索

语料库，即 corpus(复数形式 corpora)，来自拉丁语，意为 body，后指某一主题文字形式的汇编、全集。目前对于语料库尚无统一界定。McEnery 和 Wilson(1996)对语料库进行了三个层次的定义：(1)任意文本库；(2)可以机读的文本库；(3)可以机读的一定量的文本库，其取样可在最大程度上代表一种语言或变体。Kenny(2001：22)则定义语料库是"依照某种原则方式所收集的大量文本总汇"。梁茂成等(2010)认为"真正意义上的语料库是一个按照一定的采样标准采集而来的、能够代表一种语言或者某语言的一种变体或文类的电子文本集"。王克非(2012)则认为语料库"指运用计算机技术，按照一定的语言学原则，根据特定的语言研究目的而大规模收集并贮存在计算机中的真实语料，这些语料经过一定程度的标注，便于检索，可应用于描述研究与实证研究"。随着语料库的发展，其定义也不断完善。

1. 常用的儿童语料库

常用的儿童语料库如下：

儿童语言数据交流系统(CHILDES, Child Language Data Exchange System)①，包含了多语种0至5岁儿童历时口语语料和部分儿童输出笔语语料库；

LCCPW语料库(Lancaster-Leverhulme Corpus of Children's Writing)②收集了8~12岁儿童的真实写作文本；

小型CLLIP语料库(Corpus-based Learning about Language in the Primary-school)，从40篇儿童文学作品中抽取语料建成。

香港粤语儿童语料库(Cancorp)③，出于"讲粤语儿童语法能力的发展"项目，语料库收集了儿童与成人之间的口语交流片段。

汉语早期习得(Chinese Early Language Acquisition/CELA)语料库④，对象为背景四名讲普通话的儿童、长沙三名讲方言的儿童以及两名香港讲粤语的儿童的口语语料与互动。

The Tong Corpus⑤，为香港中文大学与儿童双语研究中心共同推出的语料库，记录了生长在粤语家庭的1-5岁儿童的真实语料。

台湾闽南语儿童语料库(Taicorp)⑥，出自14个1-3岁儿童习得闽南语的情况，共收集了儿童口语语料330小时，文本语料230万字。

2. LCCPW示例

LCCPW语料库(Lancaster-Leverhulme Corpus of Children's Writing)由兰卡斯特大学制作，为儿童写作作品集成语料库。兰卡斯特大学与英格兰西北部某小学合作，结合计算机技术与语言学完成该语料库，旨在基于儿童作品对其写作学习多样性进行纵向研究。该语料库主要数据来源为英国37名儿童的书面作业，历时三年记录了儿童写作习惯的变化，主题涵盖动物、爱好、世界各国等。以下就LCCPW中的语料进行展示。

点击左侧栏中的"Contents"可以得到该语料库的内容界面(如图3-6)。本语料库包含四个部分：由项目划分的语料库、由儿童划分的语料库、儿童文本

---

① https://childes.talkbank.org/

② https://www.lancaster.ac.uk/fass/projects/lever/

③ https://arts.cuhk.edu.hk/~lal/corpora.html#CANCORP

④ https://arts.cuhk.edu.hk/~lal/corpora.html#CELA

⑤ https://cbrchk.org/the-tong-corpus/

⑥ https://phon.talkbank.org/access/Chinese/Taiwanese/Tsay.html

转写下载、含词性标记的儿童语言转写文本下载。

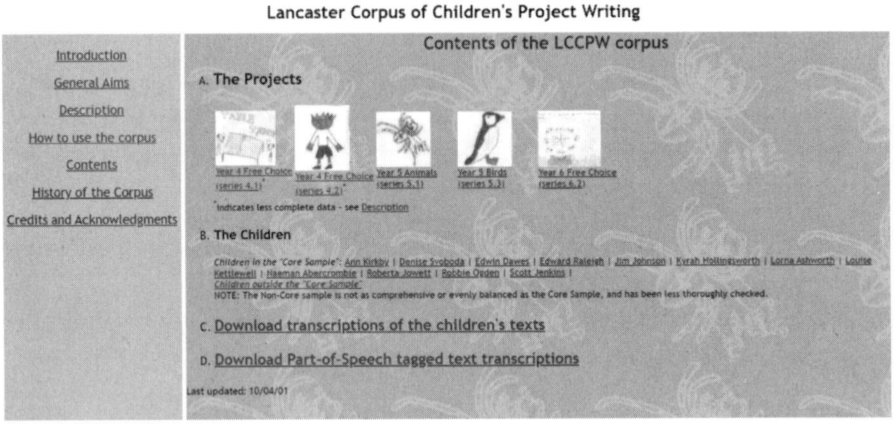

图 3-6　LCCPW 语料库内容界面

2.1　由项目划分的语料库

点击图 3-6 中“A. The Projects”下的任一链接，如“Year 4 Free Choice (series 4.1)”，出现如下图 3-7 界面。表格左侧为儿童名字，右侧为每次作业的项目名称。点击需要的项目即可查看具体语料。

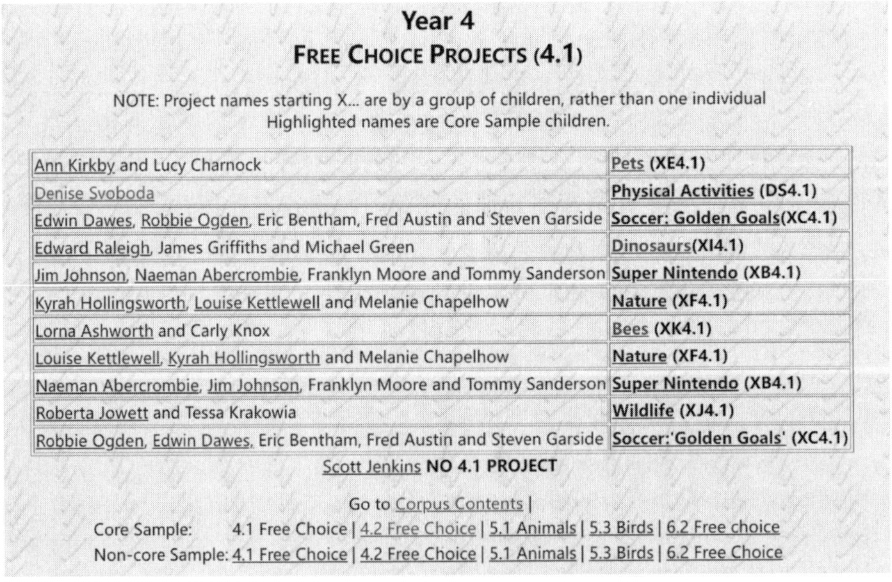
Year 4

FREE CHOICE PROJECTS (4.1)

NOTE: Project names starting X... are by a group of children, rather than one individual
Highlighted names are Core Sample children.

Ann Kirkby and Lucy Charnock	Pets (XE4.1)
Denise Svoboda	Physical Activities (DS4.1)
Edwin Dawes, Robbie Ogden, Eric Bentham, Fred Austin and Steven Garside	Soccer: Golden Goals(XC4.1)
Edward Raleigh, James Griffiths and Michael Green	Dinosaurs(XI4.1)
Jim Johnson, Naeman Abercrombie, Franklyn Moore and Tommy Sanderson	Super Nintendo (XB4.1)
Kyrah Hollingsworth, Louise Kettlewell and Melanie Chapelhow	Nature (XF4.1)
Lorna Ashworth and Carly Knox	Bees (XK4.1)
Louise Kettlewell, Kyrah Hollingsworth and Melanie Chapelhow	Nature (XF4.1)
Naeman Abercrombie, Jim Johnson, Franklyn Moore and Tommy Sanderson	Super Nintendo (XB4.1)
Roberta Jowett and Tessa Krakowia	Wildlife (XJ4.1)
Robbie Ogden, Edwin Dawes, Eric Bentham, Fred Austin and Steven Garside	Soccer:'Golden Goals' (XC4.1)

Scott Jenkins NO 4.1 PROJECT

Go to Corpus Contents |
Core Sample: 4.1 Free Choice | 4.2 Free Choice | 5.1 Animals | 5.3 Birds | 6.2 Free choice
Non-core Sample: 4.1 Free Choice | 4.2 Free Choice | 5.1 Animals | 5.3 Birds | 6.2 Free Choice

图 3-7　LCCPW 语料库项目展示界面

如图 3-7，点击任一链接如右侧“Pets(XE4.1)”，出现如下图 3-8 界面。

Year 4, series 4.1 Free Choice: Core and Non-Core

ANN KIRKBY and LUCY CHARNOCK: *PETS* (XE4.1)

XE4.1 INDEX

- View Scans of the Original Pages:
  cover | 1 | 2 | 3 | 4 | 5 | 6 | 7 | 8 | 9 | 10 | 11 | 12 | 13 | 14 | 15 | 16 | 17 | 18 | 19 | 20 |
- Browse the Text of the Project
- Physical Characteristics of the Project
- Comments (by Child, Teacher, Parent(s))
- Grammatical Tagging
- Additional Information

[Other projects by: AK | LC | Other 4.1 Free Choice projects: Core and Non-Core | Corpus Contents | Introduction]

图 3-8　LCCPW 语料库项目详情界面

点击图 3-8 中任一蓝色字体，即可跳转到如图 3-9 语料展示界面。

Project XE4.1: Page 1

- Enlarged View
- Text View
- Physical Characteristics
- Grammatical Tagging
- Additional Information

[previous page] [next page] [XE4.1 Index]

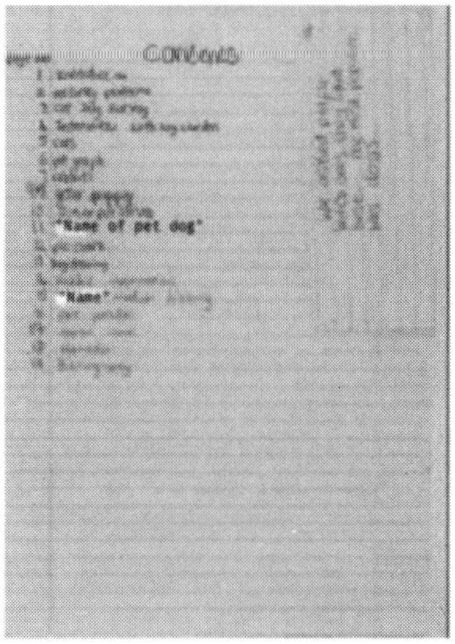

图 3-9　LCCPW 语料库语料展示界面

点击图 3-9 中“Enlarged View”即可展示语料详细情况，如图 3-10 所示。

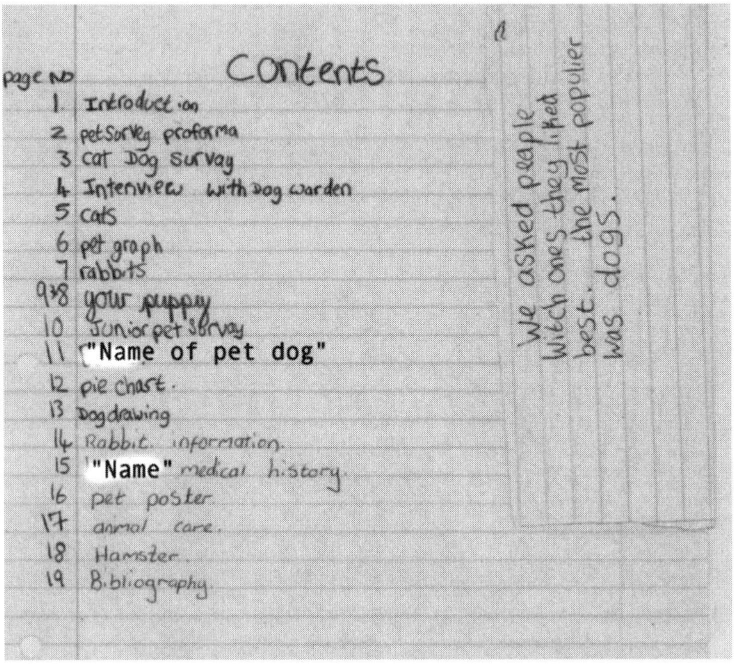

图 3-10　LCCPW 语料库语料详情展示界面

2.2　由儿童划分的语料库

点击“页面介绍”中“B. The Children”下任一儿童的名称，如 Edwin Dawes（ED），即可看到该儿童每一次参与项目的作品完成情况，如图 3-11 所示。点击任一蓝色字体即可出现具体语料。

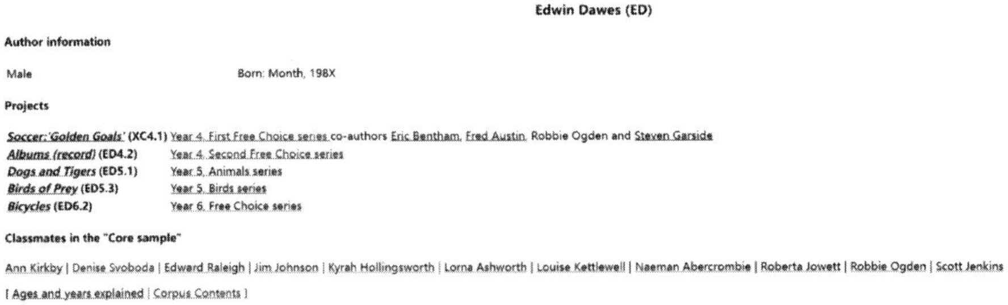

Edwin Dawes (ED)

Author information

Male　Born: Month, 198X

Projects

Soccer:'Golden Goals' (XC4.1) Year 4. First Free Choice series co-authors Eric Bentham, Fred Austin, Robbie Ogden and Steven Garside
Albums (record) (ED4.2) Year 4. Second Free Choice series
Dogs and Tigers (ED5.1) Year 5. Animals series
Birds of Prey (ED5.3) Year 5. Birds series
Bicycles (ED6.2) Year 6. Free Choice series

Classmates in the "Core sample"

Ann Kirkby | Denise Svoboda | Edward Raleigh | Jim Johnson | Kyrah Hollingsworth | Lorna Ashworth | Louise Kettlewell | Naeman Abercrombie | Roberta Jowett | Robbie Ogden | Scott Jenkins

[Ages and years explained | Corpus Contents]

图 3-11　LCCPW 语料库儿童作品展示界面

2.3　儿童文本转写下载

点击“页面介绍”中“C. Download transcriptions of the children’s texts”，即可看到如图3-12的界面。点击任一蓝色字体即可下载儿童文本转写文件。

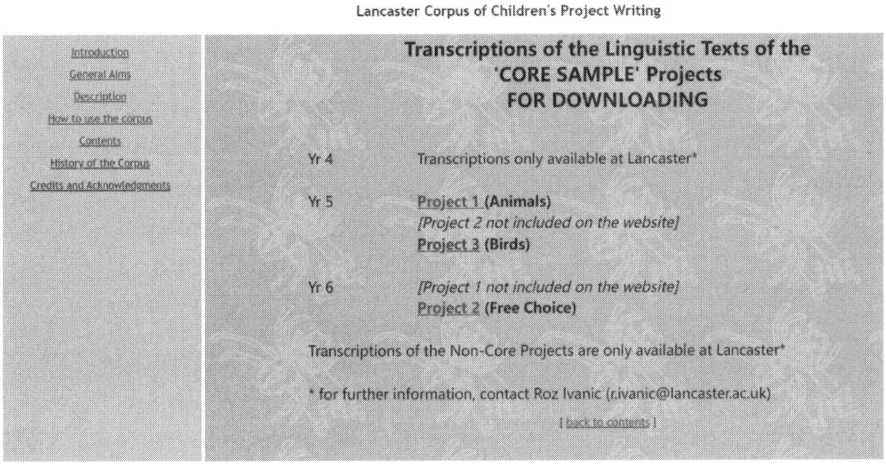

图3-12　LCCPW语料库语料下载界面

2.4　含词性标记的儿童语言转写文本下载

点击“页面介绍”中“D. Download Part-of-Speech tagged text transcriptions”，即可看到如图3-13的界面。点击任一蓝色字体即可下载含词性标记的儿童语言转写文本。

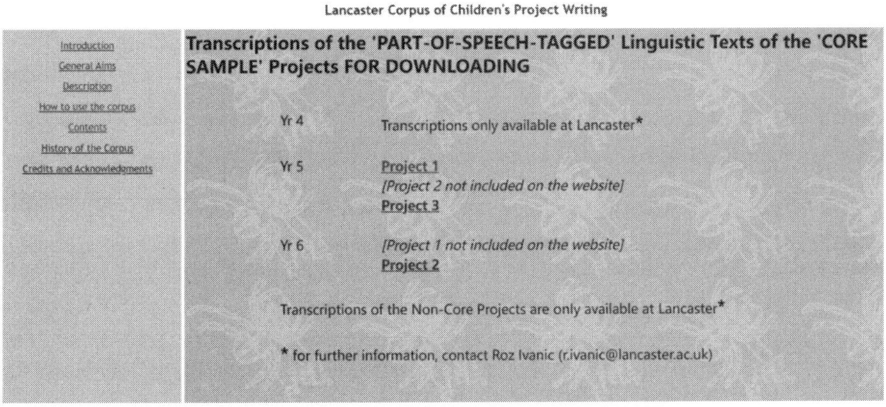

图3-13　LCCPW语料库含词性标记语料下载界面

参考文献

[1] Blakemore, S. J. , & Choudhury, S. Development of the adolescent brain: Implications for executive function and social cognition[J]. Journal of Child Psychology and Psychiatry, 2006, 47(3-4): 296-312.

[2] Kenny, Dorothy. Lexis and Creativity in Translation: A Corpus - based Study [M]. Manchester: St. Jerome Publishing, 2001.

[3] McEnery, T. & Wilson, A. Corpus Linguistics[M]. Edinburgh: Edinburgh University Press. 1996.

[4] Nikolajeva M. & Scott C. *How Picture Books Work*[M]. 2006.

[5] 高立波.策划优秀少儿科普图书要遵循的五个原则[J].传播力研究, 2020, 4(08): 121-122.

[6] 何善芬. 英汉语言对比研究[M]. 上海外语教育出版社, 2002.

[7] 李艳玮, 李燕芳. 儿童青少年认知能力发展与脑发育. [M]心理科学进展, 2010: 18(11), 1700-1706.

[8] 梁茂成, 李文中, 许家金. 语料库应用教程[M]. 北京: 外语教学与研究出版社, 2010.

[9] 林崇德.中学生心理学[M].中国轻工业出版社, 2013.

[10] 秦平新.英汉语言形式化差异与翻译隐化处理[J].学术界, 2010, (01): 167-171+289.

[11] 王克非.语料库翻译学探索[M].上海交通大学出版社, 2012.

[12] 郑璇.青少年科普图书的编辑工作浅析[J].民营科技, 2016, (09): 270-271.

[13] 郑永和, 杨宣洋, 彭禹, 等.提升中小学生科学素养的内涵要义与实践路径[J].人民教育, 2023, (20): 61-65.

[14] 中华人民共和国教育部制订.普通高中课程方案(2017 年版 2020 年修订) [M].人民教育出版社, 2020.

第四章

儿童科普博物馆说明牌特点及翻译

《中国儿童发展纲要(2021—2030年)》[①]指出，要提高儿童科学素质。实施未成年人科学素质提升行动。将弘扬科学精神贯穿教育全过程，开展学前科学启蒙教育，提高学校科学教育质量，完善课程标准和课程体系，丰富课程资源，激发学生求知欲和想象力，培养儿童的创新精神和实践能力，鼓励有创新潜质的学生个性化发展。加强社会协同，注重利用科技馆、儿童中心、青少年宫、博物馆等校外场所开展校外科学学习和实践活动。广泛开展社区科普活动。加强专兼职科学教师和科技辅导员队伍建设。完善科学教育质量和未成年人科学素质监测评估。博物馆在儿童教育中扮演关键角色。通过实物展示和互动学习，博物馆能激发儿童好奇心，培养其独立思考的能力。作为非正式学习环境，博物馆提供轻松愉悦的氛围，增强学习趣味。博物馆偶尔开展教育活动，儿童通过社交互动能培养团队合作和交流能力。此外，博物馆的多元教育资源全面促进儿童认知发展。尽管图书“在诸多教育媒体中仍处于首屈一指的地位”(邹贞、陈玲，2019)，但是目前儿童科普读物创作存在几点不足：一是语言组织、内容与配图等设计与这一阶段特殊的儿童认知特点不相符；二是缺乏对这一阶段儿童及亲子家庭阅读需求的调研，导致创作主题高度重合；三是一味迎合父母的喜好，导致部分图书基本上可以看作知识点的堆积(韩晓，2021)。由于一些因素，如教育体制、家庭环境等，科普读物在儿童阅读中的份额较低，可能导致儿童缺乏对科学知识的系统了解，影响其创造性思维和问题解决能力的发展。儿童幼年科普阅读的缺位，将造成儿童知识体系的缺乏与失衡，丧失认识世界的工具，进而导致在青少年时期缺乏创造力(韩晓，2021)。

① http://www.gswomen.org.cn/upload/5/cms/content/editor/1648003368200.pdf

杜威(1981：4)曾抨击传统学校的教学方式，称传统学校为“静听”学校，认为传统课堂很少给予学生自主活动的余地。作为弥补科普缺位的一大教育工具，博物馆提供了一种更为直观有趣的学习方式。博物馆通过展览展品、讲解词、说明牌注释等渠道为读者提供了多模态的学习体验，这种体验往往比单纯的书本学习更加生动深刻，有助于加深学生对知识的理解；许多博物馆提供互动式展览，比如科学实验、虚拟现实体验等，这些都能激发观众的好奇心和探索欲，进而强化其学习动力；博物馆往往结合艺术、历史、文化与科学，有助于孩子们建立不同知识领域之间的联系，促进其全面发展。博物馆记忆重要而持久(John H，et al.，1995：13)，博物馆不仅对儿童和青少年有教育意义，对成人也同样如此，作为面向全年龄段的教育基地，博物馆鼓励人们持续学习和探索，贯彻终身学习的理念。因此，博物馆是儿童教育不可替代的关键场所(周婧景，2013)。

然而目前国内专为儿童开设的博物馆屈指可数，尽管许多博物馆开设了儿童展览专区，但是在普通博物馆内基本没有专为儿童设计创作的说明牌与解说词，这意味着儿童无法与成年人一样接触到博物馆中丰富的知识信息，博物馆说明文字作为信息传递媒介起到至关重要的作用。作为译者，进行以儿童群体为目标读者群体的翻译时应秉承儿童本位的原则，在保证读者阅读无碍、符合读者阅读习惯的基础上使原文信息传递最大化。

一、博物馆说明牌特点

1982年法国叙事学家热拉尔·热奈特(Gérard Genette)首次提出了“副文本”的概念。他认为，副文本是伴随和加强中心文本的语言和非语言作品，围绕并延伸文本(Genette，1997：1-2)。副文本负责补充中心文本未表达的内容，填补中心文本和读者之间的空白，协调两者之间的关系，使读者能更好地阅读和接受中心文本(巴彻勒，2019)。在当今以传递信息为主要目的的信息定位型展览中，展品是博物馆陈列展览的中心文本，是参观者要理解的主要对象，而陈列语言则是展品的副文本，补充说明展品本身无法传递的信息，协调着展品与参观者之间的关系(何玲、张小波，2023)。说明牌作为博物馆中的副文本，对展品起着解释说明的作用，它为观众提供关于展品的详细信息，包括其由来、背景、制作方法等，有助于观众更好地理解展品的背后故事和意义。一般来说，博物馆说明牌语言具有直观性、叙事性、专业性、美学性四大特点。

1. 直观性

相较于宽阔的博物馆展厅与展品，博物馆说明牌的用武之地仅在“方寸之间”，然而其作用却远不止于此。说明牌能对展品起解释说明作用，为了在有限的展板内实现信息传递最大化，说明牌文本往往直接对展品的外观、特点与背景等信息进行描述。

【例 1】

These chess pieces, found on the Isle of Lewis, Scotland, are made from elaborately worked walrus ivory and whales' teeth in the forms of seated kings and queens, bishops, knights on their mounts, standing warders and pawns in the shape of obelisks. They form a remarkable group of iconic objects within the world collection of the British Museum. They were probably made in Scandinavia, thought to be Norway, about AD 1150–1200.

图 4–1　象棋展览

例 1 选自国外某博物馆与象棋相关的展览(见图 4–1)说明牌。通过直接简明的表达，文本介绍了象棋的产地、质地、形状、价值与年份。全文信息功能强，为观众提供清晰的知识普及。

【例 2】仓颉，原姓侯冈，名颉，俗称仓颉先师，又史皇氏。《说文解字》记载仓颉是距今约 4700 年轩辕黄帝的造字史官，见鸟兽的足迹受启发，分类别异，加以搜集、整理和使用，在汉字创造的过程中起了重要作用，被尊为“造字圣人”，仓颉也是道教中文字之神。据史书记载，仓颉有双瞳四个眼睛，天生睿德，观察星宿的运动趋势、鸟兽的足迹，依照其形象首创文字，革除当时结绳记事之陋，开创文明之基，因而被尊奉为“文祖仓颉”。

例 2 选自某艺术博物馆介绍仓颉的说明牌。原文没有辞藻堆砌，表述朴实，直接展示了仓颉的姓氏、俗称、事迹、特点与价值，让观众在最短时间内了解展览内容。

2. 叙事性

除了陈述客观事实外，博物馆说明牌视情况也会附上展品的背景故事，让观众对展品有更为深入的了解，利于拉近观众与展品之间的距离。考虑到展览板的范围限制，说明牌叙事也更为简洁而少抒情。

【例 1】战国时期，牛开始成为人们耕作时常见的好帮手。到了汉代，因为中原地区“地皆平旷”，都为旱田陆地，不似南方水田泥耕适用一牛一犁，因此出现了“二牛抬杠”的耕地形式。唐代之后无论是牛的轭具或耕作技术，都已发展到相当于近代农具的水平。之后，随着犁具的改进，牛耕的效率越来越高。如今，随着农业科技的发展，在许多地区，中国千年农业文明的昔日伙伴正渐渐离场。但毫无疑问，这些耕作好帮手为我们世世代代的农田耕地、粮食生产作出了巨大贡献。

例 1 选自某博物馆中有关牛犁地的科普说明牌。这段文字详细描述了中国古代农业中使用牛的演变历程。以战国时期为起点，说明牌强调牛在这个时期成为耕作的得力助手，接着提到汉代的耕地形式“二牛抬杠”，展示了地域差异对耕作方式的影响，使观众认识到不同时期、地区对农业工具的创新。随后说明牌提到唐代以后牛轭具和耕作技术的发展，指出它们已经达到了相当于近代农具水平的程度，突显了农业技术的历史延续性，还强调了农业生产在不同时期的持续进步。博物馆说明牌内容丰富，叙事性强，信息量足，避免重形容修饰而尽显浮华之感，通过介绍背景让观众深入了解展览信息，强化其理解程度。

【例 2】The Adoration of the Shepherds, or the Allendale Nativity, as it is commonly known after one of its previous owners, is now almost unanimously accepted as Giorgione's work. This important painting had an immediate impact on Venetian artists. The composition is divided into two parts, with a dark cave on the right and a luminous Venetian landscape on the left. The shimmering draperies of Joseph and Mary are set off by the darkness behind them and contrast with the tattered dress of the shepherds. The scene is one of intense meditation; the rustic, yet dignified, shepherds are the first to recognize Christ's divinity and they kneel accordingly. Mary and Joseph also participate in the adoration, creating an atmosphere of intimacy.

图 4-2 《牧羊人的崇拜》

例 2 选自某艺术博物馆解说画作《牧羊人的崇拜》的说明牌，文字通过描绘画中场景(图 4-2)，叙述画中故事让观众欣赏画作。在叙事之间，观众能跟随说明牌的指引结合图像体验绘画所展现的景象，更加直观地感知到画中人物的情感和动作，增强其对画作的审美体验与共鸣。

3. 专业性

博物馆说明牌作为展品的信息载体，文本需经过严格的学术审查和专业校对，确保所传达的历史、文化、艺术等信息无误。文本一般使用专业术语和行业通用的语言规范，以确保文字表达的精确性和清晰度。通过专业化的文字表达，说明牌不仅传递信息，还能起教育作用。

【例 1】 DNA 如何记载基因?

DNA 长链上有千千万万个碱基，这些碱基以一定的顺序排列。表述了各种遗传信息，纷繁复杂的遗传信息好比生命的天书，而写就这本天书的仅仅只有四个字母——四种碱基。每三个字母组成一个“单词”，由许多“单词”排列成的有意义的“句子”就是基因。一种生物的所有基因就是一部生命天书，包含着控制这种生物性状和生命活动的所有遗传信息。

博物馆说明牌是连接观众与展品之间的纽带，专业的语言表达才能准确传递展品的特征和信息。例 1 选自 DNA 相关展览的说明牌，文本采用了大量术语阐述，充分展现了博物馆说明牌的专业性。如“DNA”(脱氧核糖核酸)是生物科学专业术语，是负责传递遗传信息的分子，而“碱基”是组成 DNA 的一部分，碱基对结合象梯子一样环绕成一个双螺旋形成 DNA。

【例 2】邵阳蓝印花布是一种集民间美术与民间工艺于一体的民间艺术。它于清新、质朴、明朗的总体风格中表现出丰富多样的审美效果，从平衡中见律动，使画面洋溢浓烈的乡土气息。艺人们运用平面造型中的点线、面，在印染花纹、斑点上多擅用象征、谐音、特定符合等手段，尽显中华民族厚重的文化积淀和淳朴的自然之美，独具地方风貌和艺术价值。邵阳蓝印花布是用防染白浆印花蓝染色的双色布，分蓝底白花和白底蓝花两种，具有染而不褪，耐洗耐晒，纹形图案愈洗愈明的特点，属镂空印花。其工艺流程是大致为：先用厚实的油纸雕刻出所需要的图案花版，然后把花版压在布料上，在花版的缕空处刷上一种用石灰和豆浆调合的防染浆，待晾干后将布料投入蓝靛染缸中加染，染后晾干，刮灰整理成品。

为确保展品信息介绍正确，博物馆说明牌多采用专业术语以示其准确性。例 2 选自某博物馆中介绍邵阳蓝印花布的展览说明牌，对于邵阳蓝印花布的工艺流程，说明牌运用了“防染白浆”、“蓝靛染缸”等专业术语进行介绍，不仅简洁明了地描述了制作过程，还展现了这一传统工艺的复杂性和独特性。

4. 美学性

说明牌主要以观众的视觉功能作为输入渠道，赏心悦目的说明牌设计能让观众更沉浸其中。除了语言专业外，说明牌的版式设计与视觉布局是体现其美学性的主要方面。艺术性的排版、字体选择以及与展品图像或艺术风格的和谐结合，使说明牌在视觉上具备了吸引力和审美感，不仅增强了展品的阐释力和吸引力，更为观众提供了一种全面的文化体验和审美享受。

【例 1】

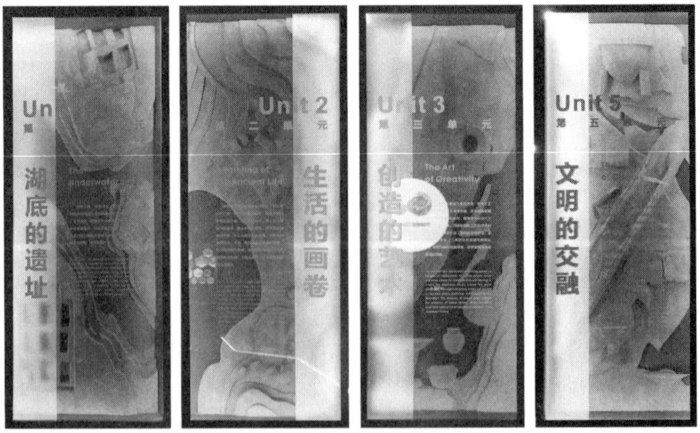

图 4-3　某博物馆说明牌

例1选自中国某博物馆四个展览说明牌，每一个说明牌都介绍了不同的展厅。可以看到图4-3选用了四个不同的颜色作为展览牌主色调，而背景图案也依据展厅主题不尽相同。展览牌上主题与详细内容介绍分布有致、大小均匀，整体看起来十分协调，和谐美观，让观众在接收知识的同时能享受到美学价值。

【例2】

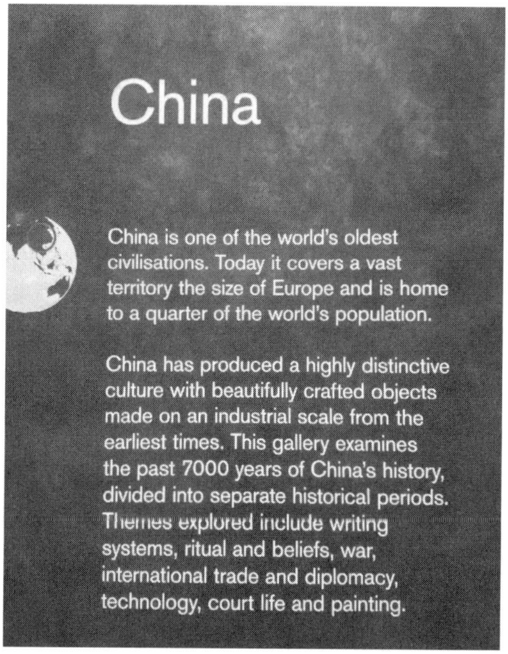

China
China is one of the world's oldest civilisations. Today it covers a vast territory the size of Europe and is home to a quarter of the world's population.
China has produced a highly distinctive culture with beautifully crafted objects made on an industrial scale from the earliest times. This gallery examines the past 7000 years of China's history, divided into separate historical periods. Themes explored include writing systems, ritual and beliefs, war, international trade and diplomacy, technology, court life and painting.

图4-4　英国某博物馆对中国的介绍

例2选自英国某博物馆的展览说明牌，主要内容是对中国的介绍(图4-4)。展览牌采用黄棕色作为主颜色基调，将主题“China”字体加大，与具体信息分隔开来，采用合适的字体字号、段落间距展现文本，方便观众阅读的同时更具备观赏价值。

二、儿童科普博物馆说明牌特点

儿童博物馆即为儿童群体提供服务丰富儿童知识的场所，是非营利性质的教育机构(周佳璐，2020)。经济发展赋予博物馆以教育职能，儿童科普博物馆则是围绕儿童特点创建的专属教育场所。此类博物馆通过让儿童自主动手，在体验中帮助孩子探索世界(杜媛、孙旭捷，2022)。因此它们选取适用于儿童认知水平与知识背景的科普知识，避免艰难晦涩的表达，寓教于乐。作为儿童友好型的科普空间，儿童科普博物馆说明牌兼具趣味性、互动性、与简明性。

1. 趣味性

传统的博物馆通过陈设冰冷的橱窗，展示晦涩的文字说明，配备上“请勿触摸”等明令禁止的标牌，将观众放置于“观赏”的位列，保持其与展品之间的距离感。然而儿童科普博物馆则不同，场馆设置引导儿童积极探索，采用多种感官与科学知识进行互动、交流，激发其学习的欲望与动力。因此，趣味性是儿童科普博物馆有别于其他博物馆的明显特征。

【例 1】 Catbirds live hidden in shrubs. Listen for them. They “meow” like cats do.

例 1 选自国外某儿童科普博物馆有关猫叫鸟(Catbird)的说明牌，说明牌背后就是玻璃柜中真实的猫叫鸟。考虑到儿童的知识储备与认知能力，博物馆并未描写过多客观科学事实，而是通过展现动物形象的生活特性帮助其熟悉记忆动物的特点。正如原文所述，猫叫鸟的特点是会猫叫，文本移用了拟声词“meow”作为谓语展现猫叫鸟的叫声，增强了说明牌的表现力，让科普变得更为有趣。

【例 2】

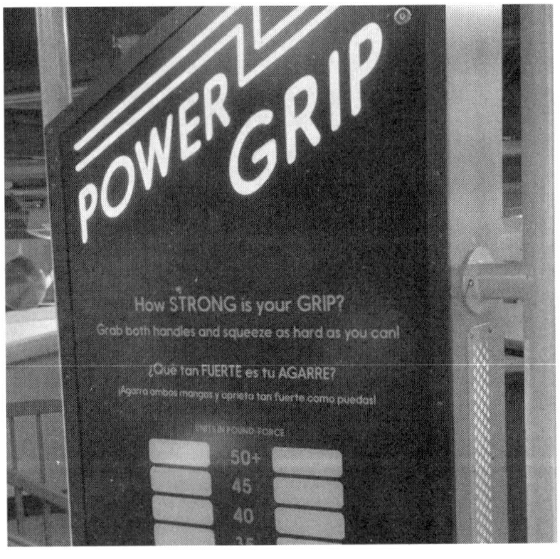

图 4-5　某博物馆握力测量设施

例 2 是国外某儿童博物馆中测量握力的科学设施(图 4-5)，儿童通过握住器械的测量仪，便可以在器械展示面板中看到自己的握力值。为了吸引儿童参与互动，器械展示面板不仅采用极具号召性的语言，并且采用了多样化的文本表达方式。如巨大的发光大写字体“POWER GRIP”作为牌头，“How SRONG is your GRIP”中将“STRONG”与“GRIP”大写以吸引儿童注意，让他们在最短时间内接收到最主要信息。文本外的趣味性表达能降低儿童的认知负载，集中其注意力。

2. 互动性

为满足儿童好奇心，充分调动儿童的感官，儿童博物馆设置了许多互动性的项目。通过触摸展品、模拟活动等多感官体验等方式，激发儿童的好奇心和探索欲，使其亲身参与、体验和理解展示的主题和概念。儿童在模拟情境中学习，在保持乐趣的同时还能加深其对知识的理解与记忆。因此，儿童博物馆的说明牌中常用祈使句与问句，指引儿童参与实践。

【例 1】

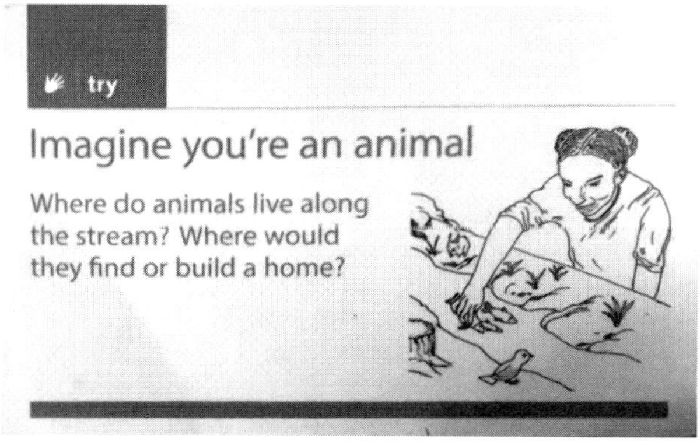

图 4-6　某儿童博物馆说明牌

例 1 选自某儿童博物馆中的说明牌(图 4-6)。原文采用了“image you're an animal”这个祈使句作为标题，引导儿童作出相应行为，随后在内容部分连续问两个问题，启发儿童思考，在场馆中探索答案。

【例 2】

Invent a vehicle and put it to the test.

Can you invent a vehicle that will …

-Race the fastest

-Go the longest

-Carry the most stuff

-Flip (and keep going)

-Survive a crash

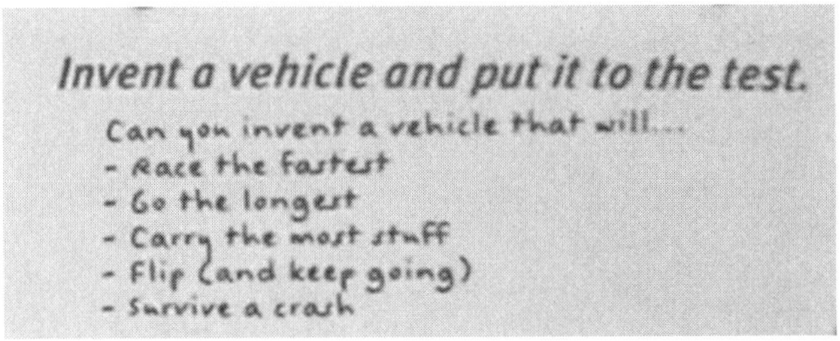

图 4-7　某儿童博物馆小汽车制作说明牌

例 2 选自某儿童博物馆说明牌(图 4-7)。原文采用了多个祈使句指引儿童参与制作小汽车，并且对汽车的性能提出了多项要求，儿童在完成作品之后会根据说明牌的指引一步一步实践，确保自己的小汽车满足说明牌上的要求。

3. 简明性

博物馆说明牌旨在清晰介绍馆内展品情况，但是囿于场馆说明牌大小限制，可供展示的说明文字有限，因此要求展品的说明介绍文本需简洁明了。考虑到目标观众的认知能力与专注力，儿童科普博物馆的说明牌更是追求简单易懂。

【例 1】 A caliper tool is used to measure the length of oysters. The bigger the oyster, the older and healthier it is.

例 1 选自某儿童博物馆中牡蛎相关展览的说明牌。原文采用了非常简单的句型，没有复杂的从句或修饰语。对生物进行科普时，知识普及了“牡蛎长度越长，它就越老，也越健康”这个概念。文本熟悉易懂，便于理解记忆。

【例 2】 为什么我们需要这么多牙？我们有 4 种不同类型的牙，每种牙都有独特的作用哦！

例 2 选自某儿童博物馆中牙齿相关展览的说明牌。原文避免采用难懂的说教式或教科书式表达，而是用口语化的表达，采用“我们”作为主语，拉近文本与观众的距离，同时利用“哦！”这样的感叹词让文本更加轻松有趣。

三、儿童科普博物馆说明牌翻译

尽管博物馆对儿童的知识积累和素养提升皆有好处，但是如今许多博物馆面向全年龄段，其说明牌语言不免过于专业且具有文学性。儿童作为特殊的读者群体，其认知水平和知识积累程度限制了他们的理解能力，倘若儿童无法理解译文，那么译介传播就是失败的。要想让儿童对文本材料感兴趣，必先用他们熟悉能懂的语言，翻译亦是如此。面对并非为儿童所著的说明牌文本，如何让译文变得有趣，适应儿童观看，需要译者在翻译过程中充分发挥其主观性，采取直译加注、删减及改编的翻译策略(芦洋，2015)。本节以部分博物馆说明牌为例，强调译者须依据儿童的认知负荷、理解水平和审美兴趣进行儿童科普博物馆翻译，主要可以采取增译、减译、编译等策略。

1. 增译

“增补”指原文的隐性信息在译文中的显性化，是增加译文信息负荷的方法(曹波、姚忠，2017)。在儿童科普博物馆说明牌翻译中，增补是译者根据目标读者的认知特点和知识水平，对原文信息作出一定增补和解释，使读者能更好地理解原文的科学信息。

【例1】

原文：据史书记载，仓颉有双瞳四个眼睛，天生睿德，观察星宿的运动趋势、鸟兽的足迹，依照其形象首创文字，革除当时结绳记事之陋，开创文明之基，因而被尊奉为“文祖仓颉”。

译文：It was said that Cang Jie had two pupils and four eyes, which symbolized his wisdom. He observed the movement trend of stars and the footprints of birds and other animals to create characters, so people at that time stopped the inconvenient method of tying knots to record things. He established the foundation of China's civilization, so he got another name as “Wen Zu Cang Jie”, which means the inventor of Chinese characters in legend.

例1选自长沙市宋旦汉字艺术博物馆解说词，这段文字主要介绍汉字鼻祖仓颉，以及他发明汉字的过程和成就。然而对于译文读者而言，原文中的文化知识并不能为其所理解：“文祖仓颉”又是什么意思？从儿童本位出发，译者需要通过增译来补充背景知识。因此翻译时要翻出蕴含的文化背景知识：将“文祖仓颉”增补译为the inventor of Chinese characters in legend，有效减少儿童认知负荷。在翻译此类文本时，要满足儿童的期望和需求，使他们了解其中蕴含的中国历史和文化相关信息，进而尊重中国历史文化。因此，译者在翻译时可以增译策略，通过增添展品相关背景知识为儿童扫清阅读障碍。中文解说词的受众是有中国文化背景知识的中国观众，因此中文解说词中背景介绍可以淡化处理。而西方观众由于缺乏这类知识，在欣赏中国展品时往往会产生困惑。所以，以西方观众为受众的博物馆英语解说词的重心应从以往东方只注重外观描述转向西方式更注重背景知识的介绍……填补西方读者的文化“空白”，更好地发挥中国博物馆解说词信息传递和文化传播的双重功能(李芳，2009)。

【例 2】

原文：气泡成像

一串串闪亮的“珍珠”缓慢地上升，构成了图案和文字，这是为什么？原来闪亮的“珍珠”是气泡，管道内充满高分子液体，气泡比液体密度小，所以会缓慢地上升。计算机控制气泡有规律地进入管道，气泡在人的眼中就是一个个像素点，通过大脑的加工处理，多个气泡组合在一起就可以形成图案和文字。

译文：Bubble Imaging

A string of shiny “pearls” slowly rising, forming patterns and words, but why? Oh! It is because that the shiny “pearls” are bubbles. The pipe is filled with polymer liquid, and the bubble density is smaller than the liquid, so they will slowly rise. Computer-controlled bubbles regularly enter the pipeline, and in one's eyes, they are the pixel points (A pixel point is the smallest unit of a digital image or graphic that can be displayed and represented on a digital display device). Multiple bubbles can be combined to form patterns and words through brain processing.

例 2 选自湖南省科学技术馆的解说词。湖南省科学技术馆分为四部分：一是科普展览，包括常设展览和短期展览；二是科普报告、讲座和培训教育；三是科学实验教育；四是特效影视(包括内径 18 米的球幕科教电影和 4D 立体动感科教电影)。其中，常设展厅是科技馆最基本、最主要的教育方式，共设共享大厅、制造天地、信息港湾、数理启迪、太空探索、地球家园、能源世界、生命体验 8 个展区，内容涉及制造、能源、材料、信息、环境、数学、物理、生命、天文等领域。考虑到译文目标读者为儿童群体，而儿童群体因知识水平及认知水平有限，过于陌生的信息可能会导致儿童产生认知障碍，这种认知障碍没有得到及时解决可能会引起儿童对新知识的抵触，甚至会让其觉得难懂而枯燥无味，从而丧失对科学的兴趣。原文阐述了气泡成像的原理，为了激发儿童对该原理的兴趣和好奇心，在 why 后面增译了“Oh!”让说明文本变得更加有亲和力，其中，对于科技词汇“像素点”，译者又译出其概念，不但减少了儿童阅读时的认知障碍，协助儿童更好理解新知识，而且在儿童心里种下了科学的种子。

2. 减译

儿童科普博物馆翻译中，遇到过于晦涩的表达或无关紧要的冗余信息，译者可采取减法策略(reduction strategies)，通过减少或改变信息来回避话题(冷冰冰，2017)，达到减少儿童读者认知负荷的目的。

【例 1】

原文：夫禮(礼)之初，始諸(诸)飲(饮)食。

译文：The origin of ritual lie in food and drink.

例 1 出自大英博物馆的解说词。出自《礼记 · 礼运》中的一句话，“夫礼之初，始诸饮食”翻译成现代汉语的意思是“礼仪制度的起源与饮食有关系”，“始诸饮食”并不是字面意义上的从饮食开始，而是表示最初形式的礼仪是与祭祀食物的活动相关。在这里，“饮食”并不仅仅指的是吃饭的行为，而是指在古代祭祀活动中使用的特殊食物，如烤谷物和小猪等。这些食物的准备和献祭方式成为早期礼仪的一部分，体现了人们对宗教和社会习俗的尊重。因此，这句话强调的是饮食在古代社会中作为一种重要的社交和文化表现形式，其在礼仪中的地位不可忽视。但困囿于汉英两种语言特点，这里最好采取减译策略。减译是博物馆翻译常用的策略，其一是因为展板空间的要求，译文有字数限制，其二是由于原文部分段落在英文中难以找到对应的信息，必须根据主次信息有所取舍(王彤峻、贾晓庆，2017)。若画蛇添足，译成“The origin of ritual system originated from the food and drink.”便会破坏译文的美感。因此，从儿童的角度出发，在这里采取减译的翻译策略翻译为“The origin of ritual lie in food and drink.”能减少儿童的阅读障碍。

【例 2】

原文：北京，一座有着三千年历史的古都。

北京故宫，旧称紫禁城，位于古都中轴线的中心，是明清两朝的皇家宫殿，是中国古代宫廷建筑的集大成者，也是世界上现存规模最大、保存最为完整的木结构宫殿建筑群。

这样的北京，这样的紫禁城，与大运河有着怎样的故事？

明朝初年，成祖朱棣将都城从南京迁往北京，承袭南京宫城规制的北京宫阙在短时间内全面建成。充足的物质准备、科学的设计施工，保障了营建工程的顺利开展。无数的建造材料、能工巧匠顺着大运河来到北京，为紫禁城建设提供了强大的物力、人力支持；大量的粮食蔬果丝毛棉麻纷纷北上，丰富了宫廷内外和沿途百姓的日常生活。各地才俊、各色文化，在运河两岸和国都的中心拥有了广阔的舞台；开放与包容、革新与沉淀，纵贯南北的运河水普济着天下苍生、滋养着中华文脉。运河汤汤，宫城巍巍。大运河孕育了紫禁城，紫禁城也成就了大运河。

译文：Beijing is a time-honored capital with a history of three millennia.

The Forbidden City, is situated at the middle point of the axis of the old capital. The museum, as imperial palaces of the Ming and Qing dynasties, the epitome of olden imperial architecture, is a wooden-framed palace complex largest in scale and best preserved in the world.

What stories do Beijing and the Forbidden City have in connection with the Grand Canal?

In the beginning of the Ming Dynasty, Emperor Chengzu, personal name Zhu Di, relocated the capital from Nanjing to Beijing. The palace complex of Beijing resembling the palace lay-out of Nanjing was completed in a short period. Sufficient materials and scientific designs secured the smooth construction of this project. Abundant building stuff and countless skilled artisans gathered at Beijing via the Grand Canal, hence solid support in materials and manpower for the construction of the Forbidden City. Large quantities of grain and grocery, silks, wool, cotton and linen filed northward to enrich the life inside and outside the palaces and people living alongside the Grand Canal. Various talents and cultures from all corners found their spacious platforms along the two banks of the Grand Canal and inside the capital, which was open and inclusive, reformative and accumulative. The canal waters passing through the land from the north to the south have nurtured all lives under heaven and fed into the currents of Chinese culture. The Grand Canal germinated the Forbidden City while the Forbidden City worked wonders for the Grand Canal.

例2选自扬州中国大运河博物馆的解说词。考虑到汉语是一门意合的语言，而英语是一门形合的语言，汉语中修饰语以及四字格偏多。减译也被称为缩译，指在源语信息过于繁复不够简洁时，对原文进行适当删减和压缩，使译文更为简练，符合目标语语言习惯和受众阅读习惯的翻译。通常情况下，汉语表达方式辞藻华丽，频繁使用四字格，而英语表达方式注重精练，读者希望得到关键信息，因此删除过多的描述性词语和过剩的重复信息，就十分必要了。(张靓，2019)如源语文本中，“北京故宫，旧称紫禁城”“运河汤汤”“宫城巍巍”等。如果非要生搬硬套地进行翻译，不但浪费笔墨，还会使儿童读者一头雾水，不知所云，增加读者的阅读障碍，而且在英语表达中，北京故宫和紫禁城所要表达的意思一致，翻译出来会有重复累赘之感，故省略不译，只简单翻译为“The Forbidden City”反而保留了原文朴素自然、通俗易懂的语言风格，可以说是事半功倍。而“运河汤汤”“宫城巍巍”可翻译为“The canal is splashing while the imperial palaces are towering.”，这些修饰词在译文中减掉并不对全文造成信息缺失；反之，译文变得更加简洁干练。因此在不影响源语意思和信息完整的情况下，翻译过程中将这些四字格适当减译，能避免给儿童读者增加阅读障碍。

【例 3】

原文：人类无法孤独地行走于天地之间。

世界去向何方，取决于我们如何与生命相处。

以自然之道，养万物之生。

译文：Humans cannot walk alone on this Planet Earth.

Where the world goes will depend on how we get along with other life forms.

Nourish the life of all things on this Earth is the way of nature.

例 3 出自成都自然博物馆的结束语。成都自然博物馆设计理念融合了大量四川元素——蜀山、蜀道、蜀水。博物馆共设六大主题展厅，包括地质环境厅、矿产资源厅、龙行川渝厅、探秘恐龙厅、生命探源厅、缤纷生命厅。结语的文字富有哲思，起到了总结全馆的作用，体现出人与自然和谐相处的中国智慧。从儿童的视角出发，译文并未把“天地”翻译成“the sky and land”，而是采用减译的策略翻译为“Planet Earth”，把抽象的意象具体化，减少了儿童的认知障碍，但又不失其原句的哲理。

3. 编译

丁娓娓(2008：125)认为，科普翻译要达到目的，既可以采取直译的方法，也可以采用编译或改写的方法，可以采用介于两者之间的任何翻译方法。为维持儿童读者的阅读兴趣，儿童博物馆科普翻译不能过于直译而导致原文枯燥晦涩，译者可采取编译中改写之手段。改译给予译者较大的编辑权利，具有四大优点：其自由程度高，不拘泥于原文结构和内容；实用性强，各种体裁、风格、领域的文本都适用；语言灵活，便于通俗化和民族化，易于读者阅读和接受；应用性强，可编、评、述、译同时进行，便于普及文化知识，有利于与本土文化相融合等(贾洪伟，2011：17-21)。

【例 1】

原文：

The hope of diamond has existed for more than a billion years

Since it formed deep within the Earth …

… the Atlantic Ocean has opened,

Closed, and opened again.

… the dinosaurs have come and gone.

… humans evolved and spread across

the face of the Earth.

Over the past three centuries, a rich human
history full of mystery and intrigue has made
it one of the world's most famous gemstones.
译文:
在地球深处
钻石慢慢形成
与此同时
大西洋变成海
又成为陆地
反反复复
恐龙降临这个星球
但又消逝
接着人类进化
散布在世界各个角落
过去的三个世纪里
人类创造了丰富的历史
也让钻石成为世上最璀璨的一大宝石

例1选自史密森尼国家自然历史博物馆(Smithsonian National Museum of Natural History)的解说词。从中可以看出源语主要描述世事变迁，只有人类打造出的钻石依旧璀璨如歌，充满希望。从儿童的角度来看，源语中出现的事物过多，而真正的主语其实是钻石，所以翻译时采取编译的策略，适当调整译文的语句，突出其解说词的核心观点，重复关键词。此外，中英博物馆文物解说词在段落发展方式上也表现出不同的特点。中国人“螺旋式”的思维逻辑在文本结构上表现为：一般是首先说明事情的背景，陈述客观条件，铺垫一些次要的信息，最后总结结论，引出主题。因此，中国博物馆解说词往往采用螺旋式的段落发展方式，以一种螺旋式的暗示逐步引入主题，通常先陈述细节然后引入主题。而西方人的思维方式是直线型的，写文章时开门见山，倾向于首先表达主题，将重要的话题放在前面，然后展开文本，围绕主题进行说明或例证。所以，大英博物馆解说词通常采用直线型的段落发展方式，先开门见山地提出主题，然后运用细节加以说明(邱大平，2018)。所以对比双语文本，译文更符合中式思维，首尾呼应，帮助儿童读者更好地感受钻石的辉煌。

【例2】

原文：菊花石，一种含“菊花花纹”的天然石材，学名为“黑灰色泥灰岩”，这一奇特的花石在全世界是独一无二的。菊花石雕的艺术魅力，其花型酷似异彩纷呈的秋菊，朵朵活灵活现的白色或粉色的菊花镶嵌在黛黑色的石体中，玉洁晶莹，古典文秀。

译文：Chrysanthemum Stone is a kind of natural stone. It is unique in the world. You know what? The stone is charming because it really looks like the colorful chrysanthemum blooming in the autumn. Look. The white and pink chrysanthemums are carved in the black stone body. It is so crystal clear and elegant!

例2出自湖南浏阳永和菊花石博物馆的解说词，从儿童本位出发，源语需要从儿童的视角上进行改变，在不失去其科普性的同时进行以儿童为本位的文本，因此采取编译的策略，去掉“学名”这一概念，并且增添“you know what”“look”等表述，增强文本的口语性，进而提炼出源语重点，删减次要信息，减少儿童阅读障碍。在科普的同时，又能便于儿童理解。

【例3】

原文：“家园”展区，通过宏大的场景设计，营造出神秘而美丽的星空氛围。漫步在太空中，人们逐渐加深对太阳系和银河系的了解：其他星球上有水吗？有极光吗？有火山吗？我们究竟身处宇宙的何方？

译文：See the grand layout. The “Home” exhibition area give you a mysterious and beautiful starry place. You can stroll in space to understand more about the solar system and the Milky Way system. You may ask: are there water on other planets? Aurora? Volcanoes? Where exactly are we in the universe?

例3出自某博物馆中天文相关展览的说明牌，原文采用了第三人称进行表达，让文本更具客观性与专业性。然而对于儿童来说，这样客观的陈述并不能让吸引他们的兴趣，甚至可能让他们看之乏味，因此译者巧妙采取了编译策略，增加祈使句“See the grand layout”先声夺人，改用第二人称使文本具有互动性，让儿童身处其中更加有乐趣，更能引发他们的思考。

尽管学者们界定编译概念的角度有所差别，其对编译核心含义的解读却有共通之处。相比于逐字逐句、完全忠实于原文的翻译，编译策略为译者提供了较大的主动性。译者可以基于已有的信息，在翻译过程中对原文内容做出合理的增添、删除、修改、调整。然而，需要注意的是，这并不意味着译者可以完全凭借个人意志随意地删改原文。译者必须“紧扣原作的主题思想”（王涛，2000：15）。由此可知，编译策略在儿童科普博物馆说明牌翻译中，是指从儿童的接受习惯和阅读习惯出发，对原文做出合理的调整和加工，确保译文能实现既定的目的。对于译者而言，采用编译策略的最终目标都是为了提高译文的可读性，使译文更易于被儿童读者接受和理解，更高效地实现信息的传递。

四、翻译技术——神经机器翻译及译后编辑

1. 机器翻译概念介绍

机器翻译(machine translation)，从字面上理解就是研究如何利用机器实现一种自然语言(源语言)到另一种自然语言(目标语言)的自动转换(宗成庆，2013)。机器翻译是自然语言处理（Natural Language Processing)的一个分支，与计算语言学(Computational Linguistics)、自然语言理解(Natural Language Understanding)之间存在着密不可分的关系。机器翻译运用语言学原理，机器自动识别语法，调用存储的词库，自动进行对应翻译，但是因语法、词法、句法发生变化或者不规则，出现错误是难免的。

机器翻译的发展得益于计算机的发明与应用，而密码学和语言研究的发展让人们认识到一种语言编码可以用另外一种语言进行解码。机器翻译从最初基于规则的翻译方法发展到现今模拟人脑的神经翻译方法，其本身仍具有强大的发展潜能与广阔的应用空间。

2. 机器翻译引擎种类

机器翻译发展至今，主要可以分为基于规则的机器翻译、基于实例的机器翻译、基于统计的机器翻译和基于深度学习的神经机器翻译。

2.1　基于规则的机器翻译

指依靠构成的机器翻译词典和分析转换规则来进行的机器的自动翻译。机器依据解码的源语意义与目标语的语言特质与语法规则进行语言编码，并合成目标语言(Poibeau，2017)

2.2　基于实例的机器翻译

指以双语对照的翻译实例库作为主要知识来源，基于类比原则在实例库中寻找与待翻译句子最类似的翻译实例并通过模拟其对应译文的方式生成待翻译句子的目标语译文。随着平行语料库的逐渐扩大和机器计算能力的逐步升级，平行语料库中越来越多的信息可以直接被用作机器自动翻译的实例，从而取代基于词典和转换规则的机器翻译方法。

2.3　基于统计的机器翻译

基于统计的机器翻译方法认为机器翻译是一个信息传输的过程。基于统计

的机器翻译认为源语言句子到目标语言句子的翻译是一个概率问题，任何一个目标语言句子都有可能是任何一个源语言句子的译文，只是概率不同，机器翻译的任务就是找到概率最大的句子。从语言学角度出发，基于统计的机器翻译可以分为基于词对齐、基于短语对齐和基于句法统计三类。

2.4　基于深度学习的神经机器翻译

基于深度学习的神经机器翻译模拟人脑“多层（分层）学习”，以类似人脑神经对复杂信息进行“深层处理”，善于处理复杂的语言信息。人们在面对复杂的语言意义时，大脑会自动判断出语言所使用的语境、是否具有隐含意义、讲话人的语气等语言外信息对语言意义本身的影响，而深度学习技术由于使用的层级递进类似于人脑的神经网络，因而在处理语言的复杂现象时比传统的统计机器翻译表现更佳。

目前常见可用的机器翻译引擎包括有道翻译、百度翻译、谷歌翻译、搜狗翻译、欧路词典、沪江小 D、DeepL 翻译器、腾讯翻译君、必应翻译、CNKI 学术翻译、海词翻译。

参考文献

[1] [美]杜威. 杜威教育论著选[M]. 赵祥，王承绪译. 上海：华东师范大学出版社，1981.

[2] Genette G. 1997. Paratexts: thresholds of interpretation[M]. Translated by Jane E. Lewin. London: Cambridge University Press, 1997.

[3] John H. Falk, Lynn D. Dierking. Recalling the Museum Experience [J]. Journal of Museum Education. 1995, 20(2): 13.

[4] Poibeau T. Machine Translation[M]. Cambridge: MIT Press, 2017.

[5] 巴彻勒，2019. 副文本相关的翻译研究核心议题[J]. 余小梅译. 翻译界，(1)：99-112.

[6] 曹波，姚忠. 类型学视野下的旅游翻译：湖南旅游资源对外译介研究[M]. 湖南师范大学出版社，2017.

[7] 丁娓娓. 从德国功能派翻译理论角度看科普文的翻译[J]. 合肥工业大学学报（社会科学版），2008(6)：122-125.

[8] 杜媛，孙旭捷. 儿童博物馆教育发展研究[J]. 中国民族博览，2022(15)：194-197.

[9] 韩晓. 科普图书的“缺位”与博物馆的“补位”——以针对学龄前儿童创作的科普图书为例[J]. 科学教育与博物馆，2021(5)：387-392.

[10] 何玲，张小波. 博物馆展品与陈列语言的线性连贯及其翻译[J]. 翻译界，2023，(01)：16-31.

[11] 贾洪伟. 编译研究综述[J]. 上海翻译，2011(1)：17-2.

[12] 冷冰冰. 科普杂志翻译规范研究[D]. 上海外国语大学，2017.

[13] 李芳. 中国博物馆解说词英译策略[J]. 中国翻译, 2009, 30(03): 74-77.

[14] 芦洋. 基于目的论的科技英语新闻翻译[D]. 烟台: 鲁东大学, 2015.

[15] 邱大平. 大英博物馆文物解说词对中国文物英译的启示[J]. 中国翻译, 2018, 39(03): 108-112.

[16] 王涛. 编译标准初探[J]. 上海科技翻译, 2000, (04): 15-17.

[17] 王彤峻, 贾晓庆. 名人纪念馆展板解说词翻译策略探讨——以王懿荣纪念馆为例[J]. 上海理工大学学报(社会科学版), 2017, 39(04): 317-321.

[18] 张靓. 中华文化"走出去"视野下的博物馆文本翻译——以首博展览为例[J]. 首都博物馆论丛, 2019, (00): 73-81.

[19] 周佳璐. 浅谈儿童博物馆对儿童的教育意义及发展对策[J]. 文物鉴定与鉴赏, 2020(4): 144-145.

[20] 周婧景. 博物馆儿童教育研究[D]. 复旦大学, 2013.

[21] 宗成庆, 统计自然语言处理(第2版)[M]. 北京: 清华大学出版社, 2013.

[22] 邹贞, 陈玲. 幼儿科普图书的现状、问题及建议——以科普图书评奖为视角[J]. 出版参考, 2019(1): 73-75.

第五章

儿童科普博物馆解说词特点及翻译

根据国际博物馆协会的新定义，博物馆是为社会服务的非营利性常设机构，它研究、收藏、保护、阐释和展示物质与非物质遗产。博物馆向公众开放，具有可及性和包容性，促进多样性和可持续性。博物馆作为一个展现人类历史、文化、科技等多方面知识的场所，通过生动有趣的讲解，可以有效吸引儿童的注意力，激发他们的学习兴趣，引导他们主动探索和学习。在传统的文物管理思想中，文物的文化传播和管理都需要依靠博物馆中的工作人员进行宣传，但是由于人们文化水平的提升，对文物文化传播的意识也在逐渐增强，文物讲解工作逐渐被越来越多的人重视(李娅，2023)。优质的博物馆解说词能够激发儿童的好奇心和探索欲。博物馆讲解词能帮助儿童建立起对历史和文化的初步认识。通过讲解员对艺术品、历史文物的讲解，儿童不仅能够了解到这些展品背后的故事，还能对不同的历史时期、文化背景有一个基本的了解。这种通过实物学习的方式，比单纯的课本学习更加直观生动，能够帮助儿童理解和记忆所学的知识。在面对儿童团体时，讲解员应转变思维方式，用孩子们的眼光观察世界，用他们的思维理解问题，将自己的角色定位成“他们中的一员”，又是“和蔼可亲的老师”(梁嘉璐，2023)。通过与讲解员的互动，儿童能培养批判性思维和创新思维，优质的博物馆讲解不仅仅是对事实的陈述，更是一种启发式的教学方法。讲解员通过提问、讨论等方式，鼓励儿童发表自己的看法，使儿童在学习中思考，在思考中进步。

目前我国围绕各类博物馆进行了解说词翻译的研究。主要包括博物馆解说词特点、博物馆解说词翻译策略和博物馆解说词翻译现状三大版块。对于博物馆解说词特点，邱大平(2018)分析了中英博物馆文物解说词在文本内容、文本结构、文本单位和修辞风格等维度的差异，并对中国博物馆文物解说词英译提出启示。刘阳(2019)认为博物馆藏品信息的阐释存在本体信息、关联信息、创生信息三个维度，并围绕这三个维度对信息的作用进行解读。邱大平(2020)分析大英博物馆和国内著名博物馆的文物解说词在命名特点、表达方式以及文本结构与内容方面的差异。胡富茂和宋江文(2022)自建博物馆翻译语料库，探究了中外博物馆文本的语域特征差异。

对于博物馆解说词翻译策略，文军(2007)分析了中国首都博物馆的解说词翻译中存在的问题，提出对博物馆解说词应以功能主义的目的论为出发点，采取适度摘译的方法。吴丽娜(2015)分析了茶叶博物馆中语言层面和文化层面的翻译问题，并提出了一些建议措施。张越和陈理娟(2019)提出，编写讲解词不能只停留在简单的介绍，而是要积极利用文物研究的成果，充实讲解词的内容，传播优秀传统文化。陈君和吕和发(2020)对国际文博机构的展品解说词涉及的中华传统文化概念公示语进行翻译分析，归纳总结中华传统文化概念传播的特点与译写策略。

对于博物馆解说词翻译现状，通过对比美国大都会博物馆、英国大英博物馆、故宫博物馆和上海博物馆的英语解说词，李芳(2009)认为中国博物馆英语解说词的质量亟待改进，并提出相应理论与实证依据。郦青等(2013)以丝绸博物馆的解说词英译为研究对象，分析译文中存在的问题并试图对其部分进行重译。洪溪珧、罗丹婷(2020)列举了金融博物馆 7 类英译失误。

结合博物馆研究现状，目前尚未有研究以儿童为目标听众进行博物馆解说词翻译进行分析，本书将分析博物馆解说词的特点并以儿童为听众进行博物馆翻译策略剖析。

一、博物馆解说词的文体特点

博物馆解说词具有通俗易懂、可施讲性、可接受性、科学准确等特点，以下根据这些特点进行逐例分析。

1. 通俗易懂

为了确保信息传递更容易被广大听众理解，讲解词需要使用简单明了的语言和表达方式，这有助于与听众建立良好的沟通联系，拉近讲解者与听众之间的距离，增强互动性。通俗的讲解词能够拓宽受众群体，吸引更多人分享和理解知识。

【示例】Welcome to our museum! Today, we are going to explore one of the most famous portraits in the world — the *Mona Lisa*. This iconic painting depicts Lisa

Gherardini, the wife of Francesco del Giocondo, a silk merchant from Florence. That's why she is also known as La Gioconda in Italian and La Joconde in French.

As you can see, the painting showcases Lisa against a distant landscape, with her enigmatic smile captivating viewers for centuries. But what makes this painting truly remarkable is Leonardo da Vinci's sfumato technique. This technique involves the use of glazes to create a "smoky" effect, resulting in subtle contours and contrasts.

Leonardo masterfully captured the sitter turning towards the viewer, giving the painting a sense of life and movement. The Mona Lisa's gaze seems to follow you wherever you go, adding to the mystery and intrigue surrounding this masterpiece.

So take your time to admire the *Mona Lisa*, and don't forget to appreciate the incredible skill and artistry of Leonardo da Vinci. Enjoy your visit to our museum!

这段讲解词通过使用简单明了的词汇和句子结构，帮助听众更好地理解文物的重要性和价值。讲解员首先为听众提供背景信息和解释，使用形象生动的描写，使听众根据文物的外观和特点理解文物相关知识。讲解词使用第二人称和问句，与听众建立互动，增强听众的参与感。结尾号召听众慢慢欣赏文物。全文通俗易懂，接受度高。

2. 可施讲性

可施讲性要求讲解词适合于实际讲解，力求全面、精练、准确、优美地反映文物、标本陈列的全部内涵。要给解说员实施解说提供可删可改的内容选择余地，给解说员在针对不同听众调整解说程序时提供方便（杨晓东，2008）。也就是说，讲解词应当灵活可变，以适应实际讲解的需要，不仅要确保其内容和语言风格贴近文物，使讲解更有深度和感染力，还要给讲解员随机应变的空间，使其能够根据具体情况调整内容。

【例 1】大家请随我往这边走，现在我们来到了今天主要参观的一个展厅，曾侯乙墓展厅。我们首先看到的就是曾侯乙墓的椁室模型，它分为东中西北四室，每室的底部都有一个门洞用来连接各室，其形制有点像我们现在住房的三室一厅。东室放有墓主棺和 8 具陪葬棺，中室置青铜礼器，著名的曾侯乙青铜编钟就是从这里出土的。西室放有 14 具陪葬棺，北室放有兵器、车马器、竹简等。曾侯乙墓是凿石为穴的竖穴式墓葬。整个墓室东西长 21 米，南北宽 16.5 米，总面积 220 平方米，据残存的封土推算其下葬深度为 13 米，这与同时期的墓葬相比规模是较大的。如此规模宏大的墓葬，其墓主人是谁呢？我们在出土的青铜器上共发现了“曾侯乙”三个字 208 次。所以我们断定墓主就是曾侯乙。大家请看这个，它是根据墓内头骨制作的墓主复原像，我们可以看出墓主是42—43岁的男性，其颅骨特征与中原商代人种特征最为接近。

分析：例1为湖北省博物馆曾侯乙墓展厅的讲解词。最开始讲解词直接运用引导语“大家请随我往这边走”迅速抓住听众的注意力，让其投入导览过程中。通过一系列生动贴切的口语性表达，成功引导听众进入展览主题，同时采用清晰的描述，使得听众更容易理解和记忆讲解的内容。讲解员对展览内容进行简要介绍后，直截了当地指明了参观的焦点——“曾侯乙墓展厅”，在描述曾侯乙墓的结构时，讲解词采用了贴切的比喻“其形制有点像我们现在住房的三室一厅”，将博物馆展示的历史文物与现代生活相联系，引起了听众对展品的共鸣感。此外，讲解词通过祈使句和问句与听众互动，如“如此规模宏大的墓葬，其墓主人是谁呢?”“大家请看这个，它是根据墓内头骨制作的墓主复原像，我们可以看出墓主是42—43岁的男性”，这种互动性的话语也让讲解词更具施讲性，让博物馆导览不再仅仅是知识的传递，更是一场引人入胜的历史之旅。

【例2】首先，我们来看下陕西古代史的第一部分——史前史，从距今约115万年至公元前21世纪。新石器时代区别旧石器的标志……

这里是周朝，公元前771年—公元前221年，包括从公元前21世纪在陕西形成的周族到周方国，西周王朝3个历史发展阶段。这件是牛的肩胛骨，是用来……

大家看这些出土的大量的铁农具，是在秦朝农业为主出土的物品……

这是1957年在西安灞桥一座汉墓中出土的西汉纸……

公元220年到公元581年的魏晋南北朝是中国历史上社会大动荡、民族大融合的时期。这是匈奴大夏政权在今陕北靖边县建立的都城统万城的照片……

隋、唐两代是中国封建社会的鼎盛时期……这些是唐三彩……

这些是在陕西发现的元代文物……宋代到清代是中国瓷器的繁荣时期，这里陈列的壶、罐、茶座……使人流连忘返。

上述所示中，讲解者以时间为轴，向听众介绍自史前至明清的陕西历史文物，推进自然、内容全面，使听众对陕西历史有更直观、深刻的认识，同时突显陈列内涵。

例2是陕西历史博物馆讲解词，一开始讲解员通过号召大家行动的祈使句吸引听众的注意“首先，我们来看下陕西古代史的第一部分——史前史”，使大家对接下来的内容有大致了解。讲解词接着按照历史发展的时间顺序逐步介绍，以时间为轴介绍周朝、秦朝、西汉等历史时期，有助于听众建立清晰的历史脉络，更好地理解陕西古代历史的演变过程。在描述具体文物时，讲解词采用代词“这”“这些”“这里”，增强与听众的互动性，讲解同时呈现相关图片：

“这是匈奴大夏政权在今陕北靖边县建立的都城统万城的照片……”使听众能伴着讲解词以多模态的方式了解文物。因此，讲解词只有具备可施讲性才能让听众具有参与性，更加轻松有趣地接收文物信息。

3. 可接受性

解说词的创作要充分利用博物馆基本听众的文化修养状况与接受心理，尊重听众感情意愿，使讲解词紧扣听众的参观心理与情感脉搏，并尽可能地给听众以知识的启迪和情绪的感染，这是讲解词必备的可接受性（杨晓东，2008）。也就是说，解说词需要根据其目标听众的认知水平与接受程度进行创作，确保知识传递的同时能充分满足听众的感情需求。

【例 1】大家看到，在“残历碑”广场的一侧有另一个石碑，黑色大理石碑面上镌刻着“反霸权、反战争、反侵略”醒目的大字，是日本友人组织的“侵华历史传讲会”在“九一八”事变六十周年时建立的。它告诫后人“反对霸权、消灭战争”是全世界人民的共同心声。

例 1 是向听众介绍了黑色大理石碑面上“反霸权、反战争、反侵略”九字来源，这能加深参观者爱好和平的情感认同，使听众认识到中国人民和日本人民立场是一致的，“反对霸权、消灭战争”是中日两国乃至全人类的共同心声。

【例 2】请大家随我继续往前走。这里陈列有许多当时贵族们吃饭用的食器，这里最值得一提的就是九鼎八簋。鼎是中国古代食器当中使用最多的一种，它不仅仅是食器同时也是很重要的礼器。先秦时期人们对鼎是特别重视的，在祭祀天神、地祇、先祖等重大仪式中，鼎供奉牲肉，簋供奉粮食。鼎是最重要的祭器。曾侯乙墓出土的鼎有正鼎、盖鼎等很多种，在众多鼎中，正鼎的个数以及和其他食器的组合往往是用鼎者财富、身份、权位的象征。在曾侯乙墓出土的食器中，最主要的就是内外能够反映礼制和曾侯乙身份的中室出土的九鼎八簋。它们制作精巧，保存完好，十分珍贵。簋在祭祀、宴飨等祭祀活动中与鼎配合使用。《周礼》规定，在仪式中，贵族按其身份等级享用单数的鼎和双数的簋。例如士用三鼎二簋，大夫用五鼎四簋，卿大夫用七鼎六簋，诸侯用九鼎八簋等。曾侯乙墓出土的九件正鼎八件铜簋正好与他的身份相符。这套九鼎八簋已被定为国宝级文物。

例 2 选自九鼎八簋相关的博物馆解说词。该解说词说明了鼎的作用，即“它不仅仅是食器同时也是很重要的礼器”；还向听众普及知识“正鼎的个数以及和其他食器的组合往往是用鼎者财富、身份、权位的象征”，这不仅详细介绍了九鼎八簋的历史背景、用途和象征意义，同时突出了其珍贵性和国宝级的地位。语言简练，用词准确，符合听众的接受心理。通过讲解词，听众可以了解到九鼎八簋在古代社会的重要地位和其与贵族身份的关联，同时也能感受到其珍贵性和文化价值。

4. 科学准确

解说词应该本着科学准确的原则，不虚构，不夸大事实。在撰写过程中应充分尊重历史和科学的资料，严格按照事实和人文记录充分全面地归纳整理，防止凭空捏造；在必须美化或艺术加工时，也要有依据，不以作者个人的意愿或理解任意歪曲事实，必须充分而准确体现文物、标本陈列的价值内涵，不仅是历史价值、科学价值，而且包括审美价值；在引用名人名言或是精妙佳句时，要充分考虑讲解效果和引文的准确性（葛敏，2012）。

【例 1】南越王墓出土陶器 371 件，特别值得一提的是打上“长乐宫器”戳印的四件陶鼎和陶瓮。长乐宫本是汉代首都长安的皇宫里最重要的宫殿，是汉皇帝和太后居住的地方。这四件有“长乐宫器”戳印的陶器是否说明南越国宫殿里也有“长乐宫”？最近，考古工作者在广州原儿童公园东边试掘出约 500 平方米的南越国宫殿遗址；此处在南越国宫殿中的位置正好与长安汉皇宫中的长乐宫所处的位置相符，它是否就是南越国宫殿中的“长乐宫”？此推断还有待证实。

从南越王墓出土陶器中打上“长乐宫器”戳印的陶鼎和陶瓮，到广州原儿童公园东边试掘出的南越国宫殿遗址正好与长安汉皇宫中的长乐宫所处的位置相符，解说始终秉持科学准确的原则，基于考古事实，帮助听众推断、思考，而不是妄下定论。

【例 2】这里是火堂。南方农家一般都有这间冬天架柴烧火取暖的房子，你们看这上面有个挂钩，俗称“炉膛钩”，它是用来挂壶烧水的，当然也可用来煮饭菜，冬天全家团团围坐边吃边聊，那可是热气腾腾的呢！1921 年春，毛泽东在筹建中国共产党的过程中，回到韶山。他邀弟妹们围炉烤火、拉家常，说服他们要舍小家为大家，出去做一些有利于大多数人的工作。在毛泽东的谆谆教导下，全家人相继离开家乡走上革命道路。在长期的革命斗争中毛泽东一家先后有 6 位亲人英勇献身。

在“毛泽东同志故居”景点讲解词中，首先简要介绍火房，再介绍火堂上的挂钩的用处，从而引起听众联想 1921 年春，毛泽东邀弟妹们在火房围炉烤火、拉家常，说服他们要舍小家为大家的情景，讲解自然生动、富有感染力，其中联想部分基于史实“毛泽东五回韶山”展开，具有现实依据。

二、儿童科普博物馆解说词的翻译

在翻译博物馆解说词时，译者应关注目标语读者，重视目标语言规范，充分考虑目标语读者的信息需求、阅读期待和习惯，使译本获得他们的认同，从而实现译文的文化交流目的(邱大平，2018)。译者可以采取增译、减译和创译进行儿童科普博物馆解说词翻译。

1. 增译

原文解说词创作时面对的是同语言文化的听众，因此很多隐含的或者约定俗成的信息会省去，然而译入语听众不具备这样的背景知识，需要译者采用增译进行明晰化处理。

【例 1】

原文：In the Janet Annenberg Hooker Hall of Geology, Gems, and Minerals, home of the Hope Diamond, you will see how tiny atoms came together to create our vast Solar System. You can walk through 6 million years of humans' evolutionary history in the David H. Koch Hall of Human Origins and find out how dramatic climate change drove the evolution of the characteristics that make us human. And the newly opened David H. Koch Hall of Fossils—Deep Time will take you on a journey like no other through the 3.7-billion-year history of life on Earth, as told through interactive exhibits and over 700 extraordinary fossils — including the Nation's T. rex. Along the way, you'll discover how Earth's past is connected to the present, and how our actions are shaping our future.

译文：在(珍妮特·安嫩伯格·胡克)地质学、宝石与矿物展厅中，我们可以看到世界上最大的蓝色钻石——“希望钻石”，你看这钻石是由微小的原子组合起来的，而这些微小的原子汇聚在一起又形成了我们宽广的太阳系。接下来我们要去的是大卫·H. 科赫人类起源馆，在这你可以感受 600 万年的人类进化历史，了解气候变化是如何推动我们成为人类的。还有新开设的大卫·H. 科赫化石馆——深时间，在那里，你可以看到 700 多件非凡的化石，甚至还有霸王龙呢！走进地球 37 亿年的生命历史之旅，你会明白地球是怎样一步步从过去变成今天的样子，也会明白我们的行为会怎样塑造我们的未来。

例 1 选自美国的国家自然历史博物馆(National Museum of Natural History)的解说词。国家自然历史博物馆是美国华盛顿特区国家广场上由史密森尼学会管理的自然历史博物馆，拥有世界上最大的自然历史收藏品，包括超过 1.46 亿件植物、动物、化石、矿物、岩石、陨石、人骨和人类文物。此段主要是对其三个场馆“(珍妮特·安嫩伯格·胡克)地质学、宝石与矿物展厅”“大卫·H. 科赫人类起源馆”“大卫·H. 科赫化石馆——深时间”进行介绍。考虑到译文目标听众为儿童群体，而儿童群体因文化背景不同及知识水平有限，过于陌生的信息可能会导致儿童产生认知障碍，这种认知障碍如果没有得到及时解决就可能会引起儿童对新知识的抵触，甚至会让其觉得难懂而枯燥无味，从而使其对博物馆失去兴趣。如例 1 中“Hope Diamond”指“希望钻石”，根据上下文推测应该是该展厅较为著名的藏品，但是如果只是这样直接表述出来而不做任何解释，可能会让儿童听众疑惑：为什么突然要提到希望钻石？这个钻石有什么值得观赏的地方呢？因此译者经查证发现该钻石是世界上现存最大的一颗蓝色钻石，因此增译“世界上最大的蓝色钻石”，让听众清楚该钻石的价值而对其产生好奇心，以激发儿童听众的学习兴趣。

除了增加一定知识背景，激发听众学习兴趣、帮助其扫清认知障碍，译者还需注意针对逻辑不清的地方进行增译。原文中“you will see how tiny atoms came together to create our vast Solar System”，如果直接译为“你会看到微小的分子是如何聚集在一起构成我们的太阳系的”，则会导致文章上下逻辑不通，这句话尤其突兀。根据上文语境，前面讲解词正在介绍一颗钻石，而这个场馆中全是宝石等地质藏品，据合理推测，此处应该指的是这些藏品都是由微小的原子组成的，延伸至我们的太阳系也是这些原子组成的。因此译者为避免听众出现阅读障碍，采用增译策略将其译为“你看这钻石是由微小的原子组合起来的，而这些微小的原子汇聚在一起又形成了我们宽广的太阳系”。在翻译时，译者须充分考虑儿童本位选择，从儿童认知水平与审美需求出发，合理采取增译的翻译策略。

【例 2】

原文：现在我们走进紫禁城内廷的第一座大宫殿——乾清宫，大家抬头看。殿堂正中高悬着一块巨大的匾额，上面写着“正大光明”四个大字。匾额的意思是说皇帝想要整理好国家，处事一定要光明磊落。在紫禁城中这是一块最具传奇色彩的匾额，特别是近年来影视作品的不断渲染，“正大光明”匾额几乎成了清王朝的一大标志。因为它“决定”着皇帝的宝座最终花落谁家。

译文：Now, we are stepping into the first palace in the Forbidden City, Qianqing Gong, also called the Palace of Heavenly Purity. Look up, everyone! Right in the center of the hall, there hangs a massive plaque inscribed with the characters “Zheng Da Guang Ming”. The characters mean that only with integrity can the emperor govern the country well. In the Forbidden City, this plaque carries legendary significance. Especially after showing up in recent Chinese films and TV shows about Qing Dynasty, the plaque of "Zheng Da Guang Ming" turns into a symbol of the Qing Dynasty. Who got this plaque would occupy the emperor's throne.

2. 减译

讲解员带领儿童听众参观博物馆并进行博物馆讲解时，往往需要密切观察儿童听众的反应，面临儿童听众不感兴趣等情况时，讲解员需要避免在这种情况下停留过久，而导致儿童对展览失去兴趣，因此准备一份较为简要的解说词作为备用是很有实践意义的。译者可采取减译策略，将文本核心内容译出，确保主要信息传递到位，以供讲解员参考使用。

【例】

原文：让我们进入第四展区——昆虫文化厅，在展厅的右侧，你能看到各种名虫标本：如善于伪装的枯叶螳螂、珍贵的南洋大兜虫、美丽的吉丁虫、非洲最大的甲虫——大角金龟、世界上最大的蝉——帝王蝉。喜欢蝴蝶的朋友，可别忘了去展厅中央的六角形展区看看，这里有来自世界各地的蝴蝶标本：凤蝶、闪蝶、环蝶、猫头鹰蝶、数字蝶等等。在展区的外墙上，你能见到世界上最美最名贵的蝴蝶——被誉为"光明女神"的海伦娜闪蝶(展品编号 417)，其单只标本售价高达 36 万元，它生活在南美洲热带雨林，其雄蝶能在不同的光线和视角下，闪耀出浅蓝、天蓝、紫蓝等多种绚丽色彩。再让我们来看看陈列在展厅左侧角落里的饲虫用具，这里有养蝈蝈的虫盒、养黄岭的虫笼、专供蟋蟀格斗的斗格，甚至有蟋蟀专用的迷你棺材。在饲虫用具展台的旁边，悬挂有三幅蝶翅画，它们全部由产于巴西的闪蝶翅膀制成，十分珍贵。结束了各展厅的参观后，如果你还意犹未尽，可以去博物馆大楼后面的多媒体播放厅和互动实验室走走，多媒体播放厅可容纳 100 人，放映针对各个年龄层的昆虫科教片，互动实验室里有 40 台光学解剖镜，可帮助我们轻轻松松地看清各种小型昆虫标本①。

译文：Welcome to the Insect Cultural Hall, Zone Four! On the right side of the exhibition hall, you can see various specimens of insects, including the Deroplatys, Chalcosoma atlas, Buprestid Beetle, and the biggest beetle in Africa, Goliath beetle, as well as the world's largest cicada, the Emperor Cicada. In the hexagonal central exhibition area, you can see butterfly specimens from around the world, such as Swallowtails, etc. On the outer wall of the exhibition area, you'll find the most beautiful and rare butterfly around the world, Blue Morpho Helena Butterfly! With an

---

① https://www.yuwen.net/daoyouci/455517.html

individual specimen priced at a staggering 360, 000 RMB! On the left side, you will see various insect-rearing tools, including insect boxes, cages, etc. Additionally, three precious butterfly-wing paintings, crafted from wings produced in Brazil, are displayed in the corner. Wanna see more? Go to the multimedia screening room and interactive laboratory behind the museum building. You can use the microscopes here to observe various small insect specimens.

例 2 选自某自然博物馆的解说词。译者做减译时应该分辨原文中哪些是冗余信息，判断哪些是属于能召唤听众采取行动的"诱导性"话语，哪些是听众去观察展品后自己可以观察到的"细节性"描写。例 2 中列举了很多自然生物，讲解员做简要阐述时，应该挑重点讲解，像"其雄蝶能在不同的光线和视角下，闪耀出浅蓝、天蓝、紫蓝等多种绚丽色彩"这样可以直接观察到的性状可以酌情删减不译。

3. 创译

创译作为一种改动较大的翻译策略，混杂了新增内容、改编、直接翻译，它是在翻译基础上的一种再创作(黄德先、殷艳，2013)。博物馆讲解词大多是面向全年龄段而写的，当儿童为听众时，译者需要根据儿童的认知特点和审美需求做一定调整，发挥创造力实现创造性翻译，让儿童听众能更加融入博物馆之旅。

【例】

原文：Welcome to this remarkable glass, a part of the collection known as the "Hedwig Glasses" or "Hedwig Beaker". These glasses derive their name from their association with the noblewoman Saint Hedwig. Saint Hedwig lived in 13th-century Silesia, a region that is currently shared by Germany, Poland, and the Czech Republic.

Legend has it that Saint Hedwig did not drink alcohol, yet her husband, Duke Henry Ⅰ of Silesia, discovered that every time water was poured into her glass, it miraculously transformed into wine upon her consumption. This mystical glass eventually became known as one of the Hedwig Glasses. While one glass in the collection remains plain, the others are intricately engraved, showcasing exquisite designs. The similarities among these glasses suggest they were likely crafted by the same workshop.

译文：嘿，各位小朋友，接下来我们即将看到的是一个神秘的魔法玻璃杯——"海德薇格玻璃杯"，大家一听也就知道，这个玻璃杯和海德薇格女士有关，那他们背后究竟有什么故事呢？

事情是这样的。海德薇格自己本来不喝酒，但是在她往自己的杯子里倒酒的时候，她的丈夫亨利一世惊讶地说："咦!? 你的杯子里怎么有酒呀?"于是海德薇格发现了这个魔法杯的小秘密，那就是每次她往杯子里倒水，水就会魔法般地变成美味的酒！这就是传说中的"海德薇格玻璃杯"的秘密所在，其中一只就在我们眼前。

现在，我想请你想象一下，如果你有一个魔法的玻璃杯，每次往里倒水，它就会变成你最喜欢的饮料。那会是什么饮料呢?

在这个系列的玻璃杯中，有些精雕细琢，有些素面朝天，但是它们都有相似之处，所以可以推测，它们可能都是由同一个作坊出品的。

对于儿童来说，普通的博物馆解说词往往过于专业、知识密集而可能存在认知障碍，因此在翻译中，采用互动式的童趣化语言，有意识地为文本添加停顿，能够增强解说词的可施讲性和儿童听众的可接受性，能让讲解员同时扮演"共同探险的好朋友"和"温柔亲切的老师"两个角色，使儿童能更好地了解博物馆知识。如该例就选自对海德薇格玻璃杯的一篇解说词，译者在翻译时创造性地增加了互动话语如"嘿，各位小朋友""大家一听也就知道"，并且增加了互动性环节"我想请你想象一下，如果你有一个魔法的玻璃杯，每次往里倒水，它就会变成你最喜欢的饮料。那会是什么饮料呢?"，使儿童对该玻璃杯背后的故事有更深入的理解。除此之外，译者还改变了叙述手段，将间接引语"her husband, Duke Henry Ⅰ of Silesia, discovered that every time water was poured into her glass"改为直接引语"她的丈夫亨利一世惊讶地说：'咦!? 你的杯子里怎么有酒呀?'"，让儿童身临其境而更有参与感，以提高儿童的观展兴趣。

三、翻译技术——机器翻译译后编辑

1. 机器翻译质量评估

翻译质量评估框架主要有 MQM 和 DQF 两种，以下分别进行介绍。

1.1　MQM①

翻译多维质量标准(Multidimensional Quality Metrics, MQM)是一种翻译质量评估框架，可以对人工翻译和机器翻译进行翻译质量评测。

① https://themqm.org/error-types-2/

表 5-1 翻译多维质量标准

Terminology	Inconsistent with terminology resource	Use of a term that differs from termusage required by a specified term base or other resource
	Inconsistent use of terminology	Use of multiple terms for the same concept in cases where consistency is desirable
	Wrong term	Use of term that it is not the term a domain expert would use or because it gives rise to a conceptual mismatch
Accuracy	Mistranslation	Target content that does not accurately represent the source content
	Over-translation	Target text that is inappropriately less specific than the source text
	Under-translation	Target text that is inappropriately less specific than the source text
	Addition	Target content that includes content not present in the source
	Omission	Errors where content is missing from the translation that is present in the source
	Do not translate (DNT)	Errors occurring when a text segment or even a whole section of a text marked in the specifications as "Do not translate" is translated in the target text
	Untranslated	Errors occurring when a text segment that was intended for translation is left untranslated in the target content
Linguistic conventions	Grammar	Error that occurs when a text string (sentence, phrase, other) in the translation violates the grammatical rules of the target language.
	Punctuation	Punctuation incorrect for the locale or style
	Spelling	Errors occurring when the letters in a word in an alphabetic language are not arranged in the normally specified order
	Unintelligible	Text garbled or incomprehensible, perhaps due to conversion or other processing errors
	Character encoding	Error occurring when characters garbled due to incorrect application of an encoding

续表5-1

Style	Organizational style	Errors occurring where the text violates company/organization-specific style guidelines
	Third-party style	Errors occurring when the text violates a third-party style guide
	Inconsistent with external reference	Errors occurring when text fails to conform to an external resource
	Register	Errors occurring when a text uses a level of formality higher or lower than required by the specifications or by common language conventions
	Awkward style	Style involving excessive wordiness or overly embedded clauses, often due to inappropriate retention of source text style in the target text
	Unidiomatic style	Style that is grammatical, but unnatural, often due to interference from the source language
	Inconsistent style	Style that varies inconsistently throughout the text, often due to multiple translators contributing to the target text
Locale conventions	Number format	Inappropriate number format for its locale
	Currency format	Incorrect currency format for its locale
	Measurement format	Inappropriate measurement format for its locale
	Time format	Inappropriate time format for its locale
	Date format	Inappropriate date format for its locale
	Address format	Inappropriate address format for its locale
	Telephone format	Inappropriate telephone form at for telephone numbers for its locale
	Shortcut key	Shortcuts in translated software product that do not conform to locale expectations or make no sense for the locale
Audience appropriateness	Culture-specific reference	Errors occurring where content inappropriately uses a culture-specific reference that will not be understandable to the intended audience

续表5-1

Design and markup	Character formatting	Inappropriate application of any glyph variation that is applied to a character or string of characters, such as font, font style, font color, or font size
	Layout	Inappropriate presentation format of paragraphs, headings, graphical elements, and user interface elements and their arrangement on a form, page, website, or application screen
	Markup tag	Incorrect markup tag or tag component
	Truncation/text expansion	Target text that is longer or shorter than allowed or where there is a significant and inappropriate discrepancy between the source and the target text lengths
	Missing text	Existing text missing in the final laid-out version
	Link/cross-reference	Incorrect or invalid (no longer active) link or URI. s
Custom	Any other issues	

1.2 DQF

DQF(Dynamic Quality Framework)①是翻译自动化用户协会(Translation Automation User Society, TAUS)推出的一款动态翻译质量评估框架，其独特之处在于它不仅限于传统的词汇、语法和语义等基本层面的评估，而且能够根据多维度因素对译文进行全面而精准的评估。

动态翻译质量评估的核心特征在于其适应性。该框架能够根据不同文体、风格、上下文、语气等多方面因素，灵活调整评估模式。用户可根据具体需求设定参数，实现对译文的比较粗略或更为精准的评估。

用户设定评估标准后，评估服务提供商将按照这些标准和参数为每一句译文进行评分。在译文存在语法或词汇错误的情况下，评估人员可根据 DQF 定义的错误类型进行标注，并提供详尽的错误评论。一旦评估任务完成，DQF 将生成一份翔实的质量评估报表，使用户能够深入了解译文的各个方面。

引入质量仪表盘后，提供商的每一步操作用时及工作状态都将透明地展示在质量仪表盘中。最终，用户可方便地下载质量分析报告，进一步提升对翻译

① https://www.taus.net/resources/blog/category/dynamic-quality-framework

质量的监控和理解。DQF 为翻译质量评估提供了一种专业、全面而灵活的解决方案。

动态质量评估框架报告中列出了八种常用的评估方法：(1)遵循专业标准；(2)可用性评估；(3)错误分类法；(4)充分性/流利度检查；(5)社群翻译评估；(6)可读性评估；(7)内容评级；(8)客户反馈。其中前五种采取的是双语评估的方法，后三种为单语评估。在评估时，用户可以根据具体情况对推荐的评估方法进行选择，既可以单独使用某一种评估方法，也可以灵活地对几种方法进行组合(王均松，2019)。

2. 机器翻译译后编辑

译后编辑(Post-editing，PE)是“检查和修正机器翻译的输出”(ISO，2014：1)。TAUS(2010)界定了译后编辑的两种级别：轻度(light)译后编辑与重度(full)译后编辑(TAUS，2010)。

2.1 轻度译后编辑

进行轻度译后编辑时，译后编辑人员主要针对机器翻译精确性误译类型进行修改，速度相对较快，译后编辑过程是为了获取勉强可以理解的译本，无须产出与人工翻译相比的产品(ISO，2017)。因此是否使用轻度译后编辑决定于译文所应用的场合及对译文质量的要求，如果对译文质量要求不高，译文仅用于非正式场合参考，那么轻度译后编辑就能够满足翻译要求。

2.2 重度译后编辑

进行重度译后编辑时，译后编辑人员针对机器翻译所有误译类型进行修改，速度相对较慢，译后编辑过程是为了获取与人工翻译相当的译本。在译文质量要求较高的情况下可采取重度译后编辑。

3. 基于 ChatGPT 的机器翻译译后编辑

原文：现在我们走进紫禁城内廷的第一座大宫殿——乾清宫，大家抬头看。殿堂正中高悬着一块巨大的匾额，上面写着“正大光明”四个大字。匾额的意思是说皇帝想要整理好国家，处事一定要光明磊落。在紫禁城中这是一块最具传奇色彩的匾额，特别是近年来影视作品的不断渲染，“正大光明”匾额几乎成了清王朝的一大标志。因为它“决定”着皇帝的宝座最终花落谁家。

ChatGPT 4.0 首译：

Now, we are stepping into the first palace in the Forbidden City, Qianqing

Gong, also called the Palace of Heavenly Purity. Look up, everyone! Right in the center of the hall, there hangs a massive plaque inscribed with the characters "Zheng Da Guang Ming". The characters mean that only with integrity can the emperor govern the country well. In the Forbidden City, this plaque carries legendary significance. Especially after showing up in recent Chinese films and TV shows about Qing Dynasty, the plaque of "Zheng Da Guang Ming" turns into a symbol of the Qing Dynasty. Who got this plaque would occupy the emperor's throne.

要求【语言表达规范】指令后的译后编辑如下，语言更加书面化了：

Now let's step into the first grand palace of the Inner Court of the Forbidden City — the Qianqing Palace. Look up, everyone. Suspended in the center of the hall is a huge plaque, bearing the four large characters "正大光明" (Zheng Da Guang Ming). The plaque conveys the emperor's desire to govern the nation well, insisting on transparency and integrity in all matters. In the Forbidden City, this plaque is one of the most legendary, especially due to its frequent depiction in recent films and television series. The "正大光明" plaque has become an iconic symbol of the Qing Dynasty, as it metaphorically "determines" the rightful heir to the emperor's throne.

要求【增译背景知识】指令后的译后编辑如下，文本体量明显增多，增译了清朝的年份，对部分语言进行重新组织：

Now, let's delve into the historical depths of the Qing Dynasty (1644—1912) and step into the first grand palace of the Inner Court of the Forbidden City — the Qianqing Palace. Erected during the Qing era, this palace is a testament to imperial grandeur. Look up, everyone. Suspended in the center of the hall is a huge plaque, bearing the four large characters "正大光明" (Zheng Da Guang Ming). Dating back to the Qing Dynasty, the plaque conveys the emperor's aspiration to govern the nation with virtue, insisting on transparency and integrity in all state affairs.

This plaque, in the Forbidden City, is not only a historical artifact but has also become one of the most legendary symbols, especially due to its frequent depiction in films and television series that explore the Qing era. The "正大光明" plaque has transcended its original purpose, evolving into an iconic symbol of the Qing Dynasty's ethos. It metaphorically represents the imperial ideals of justice and clarity in governance, and has been perceived as a determinant of the rightful heir to the emperor's throne, embodying the legitimacy and moral righteousness of the dynasty's rulers.

要求【口语化】指令后的译后编辑如下，第二人称增加，词汇更加简单，语言结构简化，更具口语性。

Ah, let's take a little journey back in time to the Qing Dynasty, around the 17th to early 20th century. We're stepping into the Qianqing Palace, right in the heart of the Forbidden City's Inner Court. Now, everyone, if you look up, you'll see something pretty cool. There's this huge plaque hanging right in the middle of the hall. It's got these big characters "正大光明" (Zheng Da Guang Ming) on it. This isn't just any old decoration — it's a powerful message from the emperor about ruling with honesty and being clear and open in all they did.

You might have seen this plaque in movies or TV shows about the Qing Dynasty — it's kind of a big deal and super famous. It's not just a piece of history; it's like a symbol of what the Qing Dynasty stood for. Some even say this plaque was like a magic key that decided who the next emperor would be, kind of like choosing the right heir for the throne. So, next time you see it on screen, you'll know the story behind it!

参考文献

[1] ISO 18587: 2017(en), 3. 1. 4. Translation services—Post-editing of machine translation output—Requirements. [EB/OL]. https://www.iso.org/obp/ui/#iso: std: iso: 18587: ed-1: v1: en

[2] TAUS (Translation Automation User Society). Postediting in Practice—A TAUS Report[R]. DeRijp, the Netherlands: TAUS BV, 2010.

[3] 陈君，吕和发. 文博类公示语中传统文化概念的译写——以大英博物馆等机构的解说词为例[J]. 中国科技翻译，2020，33(01)：33-36.

[4] 葛敏. 如何撰写高质量的讲解词[J]. 北方文学(下月半). 2012(07)：238.

[5] 洪溪珧，罗丹婷. 货币博物馆英译失误分析——以某货币金融博物馆的英译为例[J]. 成都大学学报(社会科学版)，2020，(01)：98-104.

[6] 胡富茂，宋江文. 中国博物馆翻译文本的语域变异多维分析[J]. 外语电化教学，2022，(05)：31-36+109.

[7] 黄德先，殷艳. 译创：一种普遍的实践[J]. 上海翻译，2013，(01)：29-33.

[8] 李芳. 中国博物馆解说词英译策略[J]. 中国翻译，2009，30(03)：74-77.

[9] 李娅. 文物讲解在博物馆工作中的重要性及艺术性解析[J]. 中国民族博览，2023，(18)：250-252.

[10] 郦青，张生祥，俞愉. 丝绸文物展品英译研究[J]. 中国科技翻译，2013，26(03)：32-34+42.

[11] 梁嘉璐. 主体间性视角下博物馆讲解员的角色权责分析[J]. 文物鉴定与鉴赏，2023，

(17)：86-89.
[12] 刘阳.博物馆藏品信息的多维度阐释——基于《如果国宝会说话》解说词的扎根研究[J].东南文化，2019，(03)：104-109.
[13] 邱大平.大英博物馆文物解说词对中国文物英译的启示[J].中国翻译，2018，39(03)：108-112.
[14] 邱大平.基于平行文本对比的中国文物解说词英译探讨[J].中国科技翻译，2020，33(04)：35-38.
[15] 王均松.翻译质量评估新方向：DQF 动态质量评估框架[J].中国科技翻译，2019，32(03)：27-29.
[16] 文军，齐荣乐，赖甜.试论博物馆解说词适度摘译的基本模式[J].外语与外语教学，2007，(12)：48-50+54.
[17] 吴丽娜.探讨中国茶叶博物馆英译本材料的翻译问题[J].福建茶叶，2015，37(06)：229-230.
[18] 杨晓东.谈博物馆基本解说词的创作原则与文学性[J].辽宁省博物馆馆刊，2008，(00)：667-672.
[19] 张越，陈理娟.提升传统文化影响力目标下的文物讲解词编写——以西北大学博物馆为例[J].文博，2019，(01)：99-103.

第六章

儿童科普动画特点及翻译

一、影视字幕特点

影视翻译（audiovisual translation）包括影视字幕（subtitling）和配音（dubbing）翻译，两者语言表达形式、语言特点大相径庭，因此本节主要围绕儿童科普动画字幕翻译展开。欲进行儿童科普动画字幕翻译，首先应剖析儿童影视语言的特点，进而延伸至儿童科普动画字幕特点。译者只有了解当今儿童科普动画语言如何呈现与表达，译者才能有指向性地从事翻译活动，才能更好地服务于儿童观众。影视字幕是实现跨语言、跨文化、跨社会多重交际功能的多模态文本，具有独特的文本特点。根据其特殊的传播媒介、呈现方式及生存环境，影视字幕主要具有瞬时性、综合性、通俗性、文化性的特点。

1. 瞬时性

影视字幕主要包括标题字幕、对白字幕和说明性字幕。三者所传递的内容与功能具有显著差别，但都具有瞬时性这一共同特点。影视字幕与普通文本的不同之处在于，普通文本可以反复翻阅，仔细研读，而字幕则需要考虑演员的语言表达以及观众观看剧情的需要，与相关联画面及声音同频出现并消失。短短1~2小时的电影其字幕数量动辄上千，可想而知每条字幕能暴露在观众视野中的时间多么有限。

【例1】

00：04：29，050 → 00：04：31，140 这混元珠被我炼化后。

00：04：31，470 → 00：04：34，260 分为灵珠和魔丸。

【例 2】

00：12：06，200 → 00：12：08，000 Do you want to go somewhere and talk?

00：12：08，000 → 00：12：10，100 I want to go somewhere and drk!

例 1 和例 2 分别选自《哪吒之魔童降世》与 *How I Met Your Mother*（《老爸老妈罗曼史》）中的片段。给字幕文本打上时间轴，字幕就能跟随视频里的说话内容对应出现，这种字幕文件格式我们通常称为 srt 格式。其文本表现形式正如示例展示的那样，由时间戳和单句字幕组成，一般还应包含序号及空行，此处不做展示。时间戳表示在影片中字幕出现的起始时间，可见字幕在荧幕上出现的时间极其有限，具有瞬时性。

2. 通俗性

一般来说，诗歌、散文和小说等文学作品有着明显的深浅难易之分，对读者的文字阅读能力有不同层次的要求。其中文学作品译著的读者的受教育水平往往都比较高，即使文学作品译著中的语言对阅读理解形成一定的挑战，读者也能凭借自身的文学素养和知识积累通过反复多次阅读理解著作内容。但是影视作品是大众化的艺术，影视作品的语言必须符合广大观众的理解水平，要求一听就懂，如果故作高雅，脱离生活，效果反而会适得其反，这也是与影视语言的瞬间性特征有关的（谢红秀，2017）。字幕语言的通俗性主要体现在语言本身的口语化、生活化和简单化，如以下例子：

【例 1】

Ron：Come on. It's nothing for a bloke to show up alone. For a girl, it's just sad.

Hermione：I won't be going alone, because, believe it or not, someone's asked me! And I said yes!

Ron：She's lying, right?

Harry：If you say so.

例 1 是《哈利 · 波特与火焰杯》中罗恩（Ron）、赫敏（Hermione）与哈利（Harry）关于圣诞舞会邀请舞伴的对话。从整体来看，该字幕语言结构清晰、用词简单，符合大众阅读水平，句子长度亦满足影片瞬时性要求；从风格来看，该字幕语言偏口语化，如"If you say so（你说是就是吧）"，还使用了俚语"bloke（男孩）"让语言更加贴近生活，拉近影片与读者的距离。

【例 2】

贾晓玲：妈，我给你买了个冰箱，双开门的。

李焕英：妈知道。

贾晓玲：妈，那件绿色的皮衣我也给你买了。

李焕英：妈知道。

贾晓玲：妈，你怎么那么爱笑啊？

李焕英：因为妈生了你啊！

例2是中国电影《你好，李焕英》中的台词，讲述了母亲去世后贾晓玲与母亲的跨时空对话。该台词用词平易，未使用晦涩难懂的词语；句子长度简短，结构简单易懂；风格朴实，贴近生活，口语化程度高。这一段平淡通俗的台词却感人至深，曾获一众好评。影片不似书籍，其瞬时性的特点也对文本通俗性提出要求，因此台词需要让观众在最快时间内理解含义，最大程度接受字句间传递的信息。

3. 文化性

影视作为信息传递的一大载体，自然具有文化性。胡智锋（2001：9-10）认为广义的影视文化体现为"电影、电视全部的存在形态"，而且它的影响不只限于对大众传播。陈旧光（2004：14-15）则从受众面出发，认为影视文化体现了各个不同文化阶层、族类、群体、性别、年龄的综合。影视作品的文化性体现在语言表达、物质生活、地理环境、思维方式等多个层面。

【例1】

三姐：八卦掌取法于刀术，单换掌是单刀，双换掌是双刀。步伐一掰一扣。有六十四变化，擅长偏门抢攻。

叶问：三姐，试手而已。用不着拆祠堂吧。

三姐：哼！祠堂拆过无数，没什么稀奇。叶先生，八卦手黑，小心。

叶问：多谢。

例1出自《一代宗师》中三姐与叶问两人谈论八卦掌的桥段。"八卦掌"又称游身八卦掌、八卦连环掌，是一种以掌法变换和行步走转为主的中国传统拳术，为中国传统武术中著名拳种之一，有五大流派，流传甚广。"祠堂"为古代儒家供奉与祭祀祖先或先贤的场所，记录着家族的传统与辉煌，是中华民族悠久历史之象征与标志，更是中华五千年文明历史文化之延伸。"手黑"意为手段狠毒、心狠手黑，方言释义为凶恶，出自孙芋《妇女代表》："你咋这么手黑呢？回到家来就打人。"此处意指八卦拳以绕圈形式从侧面攻击或绕过对手的背后出击，而非正面攻击。以上对白虽简短，但含有大量文化负载词，对译者的文化储备与语言转换能力提出了很高的要求。

【例2】

Lynette：My babysitter joined the Witness Relocation Program. I haven't slept through the night in 6 years.

Officer：Ma'am?

Lynette：And for you to stand there, and judge me.

例 2 源自《绝望主妇》中 Lynette 开车被交警扣下后与交警拌嘴的桥段。其中"Witness Relocation Program"指美国联邦政府出台的证人保护计划（又称"蒸发密令"），是旨在保护证人出庭作证后不受人身伤害（由作证引起）的措施和政策。受保护的证人在美国政府帮助下秘密更改身份隐居，从此"一夜蒸发"，因此美国"证人保护计划"也被称为"蒸发密令"。这一文化概念为美国独有，其他国家的观众难以理解，译者在翻译时也应谨慎处理这些要素。

4. 综合性

影视作品为声画艺术的结合物，影视语言与画面共同作为影视符号传递信息。影视作品包括演员的对白与表演，配以画面、音乐、音响效果等，观众在欣赏影视作品时也是以观看画面为主，聆听声音为辅。因此影视作品具有综合性，且影视语言需要与画面配合互动以传递信息，既要避免造成观众信息接收负担，又要保证观众能理解影片欲传达的含义。

【例 1】

Emily：I just knew from the moment I saw her ...

Emily：She was going to be a complete and utter disas ...

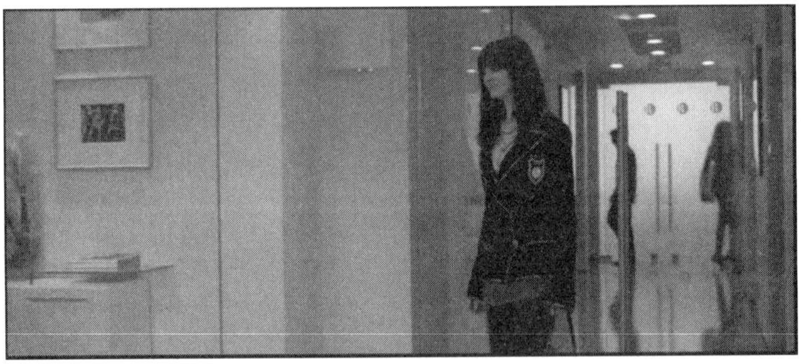

图 6-1 电影《穿 Prada 的女王》截图

例 1 为 *The Devil Wears Prada*（《穿 Prada 的女王》）中的一段台词。Emily 是总编的第一助手，她总嘲笑 Andy 穿着土气而瞧不起她，后来 Andy 受到总编打击后下定决心。此处为 Emily 正在和别人聊天，看到进门的 Andy 后十分震惊，甚至"disaster"一词都未能说出口（如图 6-1）。单从字幕语言来看，观众可能无法理解为什么 Emily 会作出此反应，而结合影视画面就一目了然了。

【例 2】

Anna：What did I ever do to you?

Elsa：Enough, Anna.

Anna：No. Why? Why do you shut me out?

Anna：Why do you shut the world out?

Anna：What are you so afraid of?

Elsa：I said, enough!

The Duke of Weselton：Sorcery. I knew there was something dubious going on here.

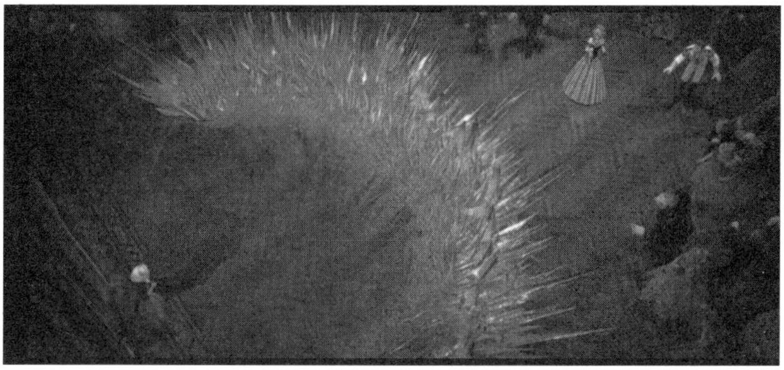

图 6-2　电影《冰雪奇缘》截图

例 2 是迪士尼动画电影 *Frozen*（《冰雪奇缘》）中的片段。其中艾莎为冰雪女王，具有呼风唤雪的魔力，在聚会上和妹妹安娜发生了争吵。安娜质问她为什么总将自己关在城堡内，Elsa 在争执中暴露了自己的魔法（如图 6-2）。此处为艾莎与安娜争吵的内容及威斯顿公爵的评价。如果将字幕语言独立，很难想象两人发生争执后的结果，也无法理解公爵为何要说“我就知道这里有问题”，因此，影视作品的综合性是其特殊且重要的性质。

二、儿童科普动画字幕特点

儿童影视动画主要为儿童受众服务，作品内容与表现形式必须符合儿童的特殊性，符合儿童的接受方式、心理特征和审美需求。马斯洛需要层次理论认为，有什么样的心理常常呈现出相应的心理需要，并且这种心理需要满足后又会有一个更高层次的心理需要。因此儿童影视字幕需要充分满足儿童不同层次的需求，不仅要易于理解也要充满童趣，还要让不同年龄阶段和不同审美倾向的儿童都喜闻乐见，力争使儿童影视字幕呈现出简单化、童趣化、阶段化、个性化的特点。

1. 简单化

影视动画的主要受众群体为儿童，因此影视动画作品需以适合儿童认知水平与审美习惯的方式予以呈现。儿童影视作品往往线索单一，情节简单，巧妙创造故事矛盾，这与儿童的接受心理相符；语言简单，用词平易，利于儿童观看理解，因此儿童影视作品具有简单性。

【例 1】

哪吒：你藏了这么多宝贝啊。

哪吒：这个长得像拖把的是啥玩意儿？

太乙真人：那是我的拂尘。

哪吒：那这金闪闪的呢？

太乙真人：那是火尖枪。

例 1 来自中国动画电影《哪吒之魔童降世》。此处是哪吒与太乙真人在江河社稷图中练习法术，哪吒在太乙真人口袋里找东西时二人的对话。哪吒的语言十分贴近儿童，将太乙真人的法器称为“宝贝”，拂尘比作“拖把”，形容火尖枪“金闪闪”，简单有趣，生动自然。

【例 2】

Judy：You don’t scare me，Gideon.

Gideon：Scared now？

Judy：Look at her nose twitch，she is scared.

Gideon：Cry，little baby bunny！Cry…

Gideon：Oh，you don’t know when to quit，do you？

例 2 是迪士尼动画电影《疯狂动物城》中的片段。此处是梦想当警察的兔子 Judy 遇见狐狸 Gideon 欺负别人，为人打抱不平却反被 Gideon 恐吓的对话。对话中使用了省略句，如“Scared now？”是“Are you scared now？”的省略句，而“Cry，little baby bunny！Cry…”则使用单个动词起祈使作用，表达简洁有力，语言简短生动。对于儿童而言，简短的对话能在语言层面保证信息理解到位，因此简单化是儿童影视作品十分重要的特性。

2. 童趣化

儿童影视作品需符合儿童本位，以儿童为主体创造真正符合儿童身心发展特点的作品。鉴于儿童群体身心发展的特殊性，从生活中提炼故事，并加入想象、梦幻等元素，大胆原创，使得故事新颖而富有趣味，符合儿童审美需求。但这并非指儿童影视作品要一味追求有趣好玩，还需注意避开儿童作品低幼化陷阱，实现寓教于乐。

【例 1】

小青：你一个捕蛇人，

小青：一路不舍地跟着姐姐，

小青：一定有什么图谋。

小白：小青！

阿宣：你一个小妖精，火气这么冲，

阿宣：有碍修炼吧？

小青：你！

小青：说！你到底有什么图谋！

小青：你果然是太阴道士的帮凶！

阿宣：什么太阴道士太阳道士，

阿宣：这个饼我也不知道它是怎么回事啊。

例 1 来自中国动画电影《白蛇·缘起》中的片段。此处蛇妖小青与失忆的姐姐小白，以及曾救了小白的阿宣遇见后，小青认为阿宣是太阴道士国师的帮凶，是蛇族的敌人，因此发生了争吵。其中阿宣为了缓和紧张的气氛，尽管被吊在半空也要调侃小青“你一个小妖精，火气这么冲，有碍修炼吧”；面对小青的质问，阿宣也灵活地回答“什么太阴道士太阳道士”，语言生动有趣、画面诙谐幽默，十分具有童趣。

【例 2】

Martin：What do we do?

Chris：Paddle faster!

Martin：Faster?!

Chris：Go, go, go, go, go!

Martin：Okay.

Martin：Whaooaa!

Chris：Testing emergency feature now!

Martin：Aah! You could have told me were testing some cool new emergency parachute.

Chris：I thought you liked surprise!

Martin：Hey look. We're heading for a perfect landing.

Chris：Uh-oh. Maybe not quite perfect.

Martin：Hang on.

Martin/Chris：Whoa!

Martin：We've had softer landings.

例 2 是科普动画片 *Wild Kratts*《动物兄弟》中的片段。马丁与克里斯划船时突然发现前面是瀑布，而克里斯利用了降落伞使二人躲过一劫，以上是他们的对话。克里斯一开始没有告诉马丁他有降落伞的事实，因此马丁被蒙在鼓里，又面对着近在咫尺的危机，表情十分紧张，只能听从克里斯的指令，当船冲上天空的时候马丁的表情令人捧腹大笑。除此之外，对话中使用了许多感叹词，如"Whaooaa""Aah""Uh-oh""Whoa"，具有较强趣味性。

3. 阶段化

皮亚杰指出，我们必须承认有一个发展过程的存在，一切理智的原料并不是所有年龄阶段的儿童都能吸收的，我们应该考虑到每个年龄段的特殊兴趣和需要(皮亚杰，1981)。不同年龄阶段的儿童有不同审美喜好，各年龄段儿童的心理、思维、情感的差别较大。以下根据不同年龄阶段儿童审美偏好与心理特点对影视片段进行分析。

【例 1】

图 6-3　电影节目《花园宝宝》截图

例 1 选自 BBC 专为 1—4 岁儿童而设的儿童节目 *In the Night Garden*(《花园宝宝》)(图 6-3)，该幼儿电视剧以睡觉的小孩进入梦世界为主题，引导幼儿认识及探索世界。全剧基本无对话，动画人物出场做一些非常简单的动作，对处于感知运动阶段(0-2 岁)中的婴儿而言，只要是荧幕上能动的卡通都能吸引其注意力。每一集都以优美的音乐和妈妈陪宝宝入睡的温馨场面开场，唱的儿歌朗朗上口，对于婴幼儿而言这是最容易接受且最喜欢的形式。

【例 2】

SpongeBob：Look at me, I'm naked!

SpongeBob：Gotta be in top physical condition for today, Gary.

Gary：Meow.

SpongeBob：I'm ready!

SpongeBob：I'm ready, I'm ready, I'm ready, I'm ready, I'm ready, I'm ready, I'm ready, I'm ready, I'm ready, I'm ready!

例 2 选自美国动画片 *SpongeBob SquarePants*（《海绵宝宝》）。此处是 SpongeBob（海绵宝宝）在起床时与 Gary（小蜗）的对话，这是他去蟹堡王工作的第一天，因此他非常兴奋，尤其是他准备就绪后口号式地重复喊着“I'm ready, I'm ready（我最棒！我最棒！）”。海绵宝宝天真可爱，善良乐观，没有烦恼，每天都很开心，使儿童在欢笑中理解影片的信息。前运算阶段（2—6 岁），儿童自我意识萌发，对事物有一定认知，但生活经验等各类知识都非常贫乏，自我认知较差，需要娱乐性、游戏性、幻想性的动画电影满足其审美需求，且影片应为其普及浅显的知识，传达积极情绪。

4. 个性化

儿童影视作品中动画人物往往具有明显的性格特点，且人物动画特征与其性格特征相辅相成。但仅靠外观造型上的差异化很难展现人物的性格，因此儿童影视作品同样借助动画人物的肢体动作、表情以及对白语言将动画形象刻画得更生动化、个性化。

【例 1】

殷夫人：其实娘也想多陪陪你啊！

殷夫人：只是肩负守卫要塞之责

殷夫人：娘也是分身乏术

殷夫人：难得今天太平无事

殷夫人：我们来踢毽子如何？

哪吒：既然你那么无聊

哪吒：那我就陪你玩玩儿！

例 1 是中国影视动画《哪吒之魔童降世》中的片段。哪吒自出生以来没有朋友，百姓害怕他的魔丸身份因此也不与他和平相处，哪吒的母亲平时很忙也很少陪他玩，此处是哪吒的母亲在哄哪吒高兴时的对白。从对白中可以看出，殷夫人降妖除魔尽忠职守，但面对哪吒心里十分愧疚，充分体现了慈母的性格。而哪吒虽然顽皮，嘴上说着不在意，但是内心很渴望母亲能陪自己玩耍，因此面对母亲的邀请也只是傲娇地称“既然你那么无聊，那我就陪你玩玩儿”。

【例 2】

Nick：Hey，Flash，I'd love you to meet my friend.

Nick：Ah … Darlin，I've forgotten your name.

Judy：Officer Judy Hopps，ZPD. How are you?

Flash：I am …

Flash：doing … just …

Judy：Fine?

Flash：As well … as … I can … be …

Flash：What …

Nick：Hang in there.

Flash：can I … do …

Judy：Well，I was hoping you could run a plate …

Flash：for you …

Judy：Well，I was hoping you could …

Flash：… today?

例 2 是动画电影《疯狂动物城》中的一段。兔子警官 Judy 和狐狸朋友 Nick 去动物车辆管理局查车牌号，而工作人员树懒 Flash 是局内最快的员工，此处是他们的对话。这只名为“闪电”的树懒所有动作都像放了慢镜头，说话也是一个词一个词往外蹦，体现出闪电慢悠悠的性格，这与 Judy 着急办案的心态形成反差，令人捧腹大笑。

三、儿童科普动画字幕翻译

影视字幕翻译需要融合多学科知识，涉及语言学、翻译学、媒体传播学等。对于译者而言，如何尽量完整表达原影片的主旨与内涵十分重要。译者不仅需要翻译荧屏上的文字，还要充分考虑影片所承载的文化，并结合故事情节和画面语言对翻译文本进行处理。尤其对于儿童影视译者而言，不仅要熟悉掌握影视语言的特点，还要以儿童为本位创作出适合儿童的影视作品。

四、儿童影视字幕翻译分析

基于系统功能语言学理论，张德禄(2009)提出了多模态话语分析综合理论框架。该框架分为四个层面，包括文化层面、语境层面、内容层面和表达层面。

- 多模态话语分析综合理论框架
  - 文化层面
    - 意识形态
    - 体裁
  - 语境层面
    - 话语范围
    - 话语基调
    - 话语方式
  - 内容层面
    - 意义层面
      - 概念意义
      - 人际意义
      - 谋篇意义
    - 形式层面
  - 表达层面
    - 语言媒介
    - 非语言媒介

文化层面是使多模态交际成为可能的关键层面，决定交际的传统、形式与技术。没有文化层面作为基础，情景语境就失去了解释能力。文化层面包括由人的思维模式、处世哲学、生活习惯以及一切社会的潜规则所组成的意识形态，以及可以具体实现这种意识形态的交际程序或结构潜势，称为体裁。在具体语境中，交际要受到语境因素的制约，包括话语范围、话语基调、话语方式所决定的语境因素。同时，这个过程还要实现所选择的体裁，以一定的交际模式进行。内容层面分为意义层面和形式层面。话语的意义层面包括由话语范围、话语基调和话语方式所制约的概念意义、人际意义和谋篇意义。在形式层面上，每一种模态都有自己的形式系统，如视觉语法、听觉语法、触觉语法等，不同模态之间相互配合以获得最佳交际效果。表达层面分为语言媒介和非语言媒介。在语言媒介方面，从传统的语言学研究来看，语言传播信息主要包括两种媒介：声波传导的声音符号和由笔等生成的书写符号。表达意义的非语言媒介包括交际者的身体动作和交际者在表达意义时所使用的非语言手段，如工具、环境等(张德禄，2009)。

多模态话语分析综合理论框架不仅包含了语言符号，还充分考虑了画面、声音、人物动作等多模态因素的交际与传递。因此本章使用多模态话语分析综合理论框架分析儿童字幕翻译策略。

1. 文化层面

影视作品是文化传播的重要途径，田传茂、王峰(2017)曾表示语言携带着文化基因。影视作品往往包含大量文化因素，不乏谚语、双关语、文化负载词等。因此字幕翻译不能停留于语言层面的转换，亦要传递文化内涵，这对译者的文化素养与翻译技巧提出了很高的要求。若没有处理好文化因素，则可能使观众误解影片含义，无法传递源语文化，或语言过于陌生使人无法理解，从而降低影视作品的艺术性。对此，国家广播电视总局也发布了《广播电视和网络视听节目对外译制规范》(GY/T 359—2022)的国家标准，其中有关文化层面的标准规范如下：

标准指出文言文、古汉语、古诗词等古汉语类词汇，在无准确对应词汇的情况下，可根据节目内容进行翻译。谚语、俗语、俚语、幽默、暗示类词汇，在无准确对应词汇的情况下，可根据节目内容进行翻译。表示亲属关系的称谓类词汇，如"连襟""妯娌"等，可直译为人名，也可根据内容需要添加说明性字幕。表示社交关系的称谓类词汇，如"老师""老板""爷爷""奶奶""大哥""大姐"等，宜根据目标语言习惯进行翻译。在目标语言国家和地区中较为知名的中国品牌，可保留中文名称、直译为拼音或使用英文通用译名。计量单位宜换算为目标语言国家和地区的计量单位(GY/T 359—2022)。

除了以上国家标准，儿童影视动画译者也应充分考虑儿童文化能力。儿童文化能力主要包括两方面：一是儿童的文化接受、理解与吸收能力；二是儿童的文化运用、创造与革新能力(曹月娟等，2021)。考虑儿童文化能力是从儿童本位出发为儿童创造影视作品的重要角度。

【例 1】

原文：

Stoick：Odin it was rough I almost gave up on you

Stoick：And all the while you were holding out on me!

Stoick：Oh，Thor Almighty!

Stoick：With you doing so well in the ring ...

Stoick：... we finally have something to talk about

译文：

斯多戈：欧丁神！真不容易，我差点就放弃你了。

斯多戈：原来你一直瞒着我。

斯多戈：伟大的托尔雷神！

斯多戈：既然你在竞技场上表现出色……

斯多戈：我们终于有话题可谈了。

例 1 是动画电影《驯龙高手》中的片段。此处为小嗝嗝的父亲、维京人斯多戈发现小嗝嗝终于能驭龙后发出的感慨。其中"Thor(托尔)"是北欧神话中的雷神，由于他的自大和鲁莽曾导致了战争，于是其父亲主神"Odin(欧丁神)"将托尔打入凡间。在维京人心中，雷神托尔象征战争，而欧丁神则是阻止战争的神明，他们将欧丁神挂在嘴边祈祷神明保佑。此处使用了异化策略，将 Odin 直译为"欧丁神"，既不会造成理解障碍，又保留了原文化特色，有利于源语文化的传播，一举两得。

【例 2】

原文：

村民：阿花姐，能把那个雄黄酒递下来吗？

阿花姐：这个酒好，雄黄料用得足！

译文：

Villager：Hua，can you lower that wine down？

Hua：Sure，it's the good stuff too！Keeps snakes away！

例 2 是中国动画电影《白蛇·缘起》中的片段。蛇妖小白失忆后以人形入捕蛇村，这是她在村内听到的村民间的对话。其中雄黄酒是用雄黄磨粉泡的黄酒或白酒，是中华民族传统节日端午节的饮品。中医古籍记载雄黄有驱虫解毒之效用，而此处雄黄驱蛇源于中国传统故事《白蛇传》的情节。《白蛇传》中由蛇化身的白娘子喝了雄黄酒后立马现原形，吓倒了与她相爱的许仙。然而国外并没有用"雄黄"驱蛇一说，甚至有的国家认为蛇是具有灵气的生物，对其有敬畏之心，很难理解驱蛇所用的"雄黄"之含义，容易增加观众理解负担，因此此处使用减译，将雄黄酒减译为"wine"。影视动画有助于传播国家民族文化、思考方式、价值观等信息，但译者一定要考虑观众能否有效接收这些信息，并以儿童为本位对原文作出取舍。

2. 语境层面

模态与语境的关系可视为积极模态与消极模态之间的关系（张德禄，2009）。语境可分为上下文语境、情景语境和文化语境（胡壮麟，2007）。其中情景语境对于影视字幕十分关键，译者需根据影视情节充分了解前后语境，对字幕信息进行合理增减，从而实现声音、字幕、画面三者有机结合，为儿童读者呈现最佳效果。

【例 1】

原文：

小青：师父说，人心险恶，

小青：只要是人就险恶！

小白：可他不同，

小白：我失忆的时候，什么都不记得，

小白：是他救了我。

小青：再不同，还是人！

阿宣：原来国师修炼的是这么邪门的功法。

译文：

Verta：She says they're sinister,

Verta：and vicious to the last.

Blanca：He's different.

Blanca：When I was lost, with no memory,

Blanca：he saved me.

Verta：Even so, I don't trust him.

Xuan：So that's what the General's been up to with the snakes.

例 1 是中国动画电影《白蛇·缘起》中的片段。此处蛇妖小青与失忆的姐姐小白，以及曾救了小白的阿宣遇见后，小青认为阿宣和国师一样捕蛇，是蛇族的敌人，因此发生了争吵。根据前文语境，国师主要通过吸取蛇族精气用于修炼自身功法，因此他手下的捕蛇村也以捕蛇的形式缴纳税款，阿宣也是捕蛇村的一员。阿宣在终于明白国师为什么要捕蛇后发出感慨“原来国师修炼的是这么邪门的功法”，但是根据上下文直译则显得突兀，因此结合画面，考虑故事情节，译者将此句处理为“So that's what the General's been up to with the snakes.”，译文并未直言“邪门的功法”，而是从侧面表达阿宣的感慨“原来国师要蛇是为了这个”，从而使对白流畅，逻辑承接自然。

【例 2】

原文：

Miguel：I'm supposed to play music.

Abuelita：Never! That man's music was a curse.

Abuelita：I will not allow it.

Miguel：If you would just let …

Mama：Miguel …

Papa：You will listen to your family.

Papa：No more music.

Miguel：Just listen to me play!

Papa：End of argument.

Abuelita：You want to end up like that man? Forgotten?

Abuelita：Left off your family's ofrenda?

Miguel：I don't care if I'm on some stupid ofrenda.

译文：

米格尔：我就应该玩音乐，

奶奶：休想！那个人的音乐是种诅咒，

奶奶：我不会允许的！

米格尔：只要您让我……

妈妈：米格尔……

爸爸：你得听家人的话。

爸爸：别再碰音乐。

米格尔：你们听我弹一次就好！

爸爸：没得商量。

奶奶：你想和那个男人一样下场吗？没人记得？

奶奶：死后照片也上不了家里的灵坛。

米格尔：我才不在乎能不能被供着呢！

例 2 是摘自动画电影 *COCO*（《寻梦环游记》）的桥段。米格尔拿着曾曾爷爷的吉他想去参加比赛，而全家人都认为曾曾爷爷因为音乐抛弃了家人，因此即便曾曾爷爷去世了也不在灵坛上供奉他，并严厉禁止家人玩音乐。此处为米格尔想说服家人允许自己玩音乐而发生的争执，其中根据前文语境，省略句“Forgotten？”意指这个家庭不供奉曾曾爷爷，全家人都忘记了他，结合前句“你想和那个男人一样下场吗”正说反译为“没人记得”，既保证了语言的简洁性又完整传递了信息。且“Left off your family's ofrenda？”若直译则为“离开你家里的灵坛？”但是结合影片画面与背景，此处指的是“照片”无法登上灵坛，因此译者将其处理为“死后照片也上不了家里的灵坛”。译者在翻译中考虑语境层面能最大化传递原文信息，降低观众认知负载，形成画面、声音、字幕三者有机统一。

3. 内容层面

影视字幕翻译内容层面包括意义层面与形式层面。意义层面包括人际意义、语篇意义和概念意义。人际意义，即运用语言传递信息的行为也即进行社会活动。影视语言除了表达人物的想法与内心活动，还能表明其身份、地位、态度等。因此，在进行儿童影视字幕翻译时，在话语意义层面，由于字幕翻译受到时间因素和空间因素的制约，译者通常运用缩减法，一般会删减人际意义与语篇意义，而较少删减概念意义（杨文文，2012）。但总体而言，译者需要把原文信息准确传递给观众，不可曲解原文含义；而在形式层面，译者需要适当翻译部分非语言元素，包括人物动作、背景音乐等。

在字幕翻译过程中，语言文字往往与视觉模态及听觉模态交互共同作用，译者需充分以儿童本位观为指导，考虑各模态的特点与意义分布，达成不同的符号系统配合与互补。因此，译者在翻译儿童影视作品时需根据内容考虑删除繁杂且冗余的信息，结合声音与画面模态进行语言的转换。

【例 1】

原文：

阿宣：肚兜就算是妖，我也还是喜欢它，

阿宣：肚兜是妖怪也会喜欢我的，

阿宣：对不对？

小白：是吗？

肚兜：谁喜欢你啊？

肚兜：我不就混口饭吃吗？

肚兜：我怎么会说话了呢？

肚兜：我怎么会说话了呢？我怎么会说话了呢？

肚兜：我不应该说话，

肚兜：我说话不是要被当成妖怪，被道士斩了吗？

肚兜：我说话声音怎么这样？

译文：

Xuan：If he was one，I'd still like the fella，

Xuan：and I know the reverse is true，

Xuan：right，boy？

Blanca：Really？

Duduo：Who says I like you？

Duduo：You're just the one who feeds me.

Duduo：Am I talking now？

Duduo：Why am I talking，why am I talking？

Duduo：I shouldn't be？

Duduo：Will people think I'm a demon now and kill me？

Duduo：Why does my voice sound like this？

例 1 是动画电影《白蛇 · 缘起》的片段，阿宣称自己的狗肚兜就算变为妖怪他也喜欢，蛇妖小白便施法让肚兜能开口讲话，此处是他们的对白。肚兜发现自己能说话后，担心“我说话不是要被当成妖怪，被道士斩了吗”，为反问句，体现肚兜的紧张与害怕。而译者在充分考虑儿童理解能力的情况下将该句译为疑问句，充分体现了人物自言自语的担心状态，且对“道士”一词进行意义删减，模糊为“Will people think I'm a demon now and kill me”，降低读者认知负载，达到人物神态、语言及动作的统一。

【例 2】

原文：

Kristoff：Carrots.

Anna：Hah?

Kristoff：Behind you.

Anna：Oh, right. Excuse me.

Oaken：A real howler in July, yes?

Oaken：Where ever could it be coming from?

Kristoff：The North Mountain.

译文：

克里斯托夫：胡萝卜。

安娜：什么？

克里斯托夫：在你身后。

安娜：哦，对不起。

奥肯：真是七月飘雪啊。

奥肯：这是从哪里来的冷空气？

克里斯托夫：北山那边。

例 2 是动画电影《冰雪奇缘》中的片段。冰天雪地里 Anna（安娜）和 Kristoff（克里斯托夫）走进 Oaken（奥肯）的商店，这是他们首次见面的对话。原文奥肯感慨七月份还是白雪茫茫的天气“A real howler in July, yes?”，此句直译应为“七月的真正咆哮者，对吧？”由于考虑内容层面信息的传递效果，译者将 howler 一词的意象概括为“雪”，并在下一句中增译了“冷空气”的概念，灵活处理了内容以免给观众造成误解。

4. 表达层面

表达层面包括语言媒介和非语言媒介。在儿童影视动画中，语言媒介主要为字幕，影片通过字幕传递意义，因此儿童影视字幕翻译须保证与源语在大致相同的时间范围内完成信息传递，且字幕句长与其出现时长相匹配，一般不超过 12 词。而非语言媒介主要包括身体层面，如交际者的动作，以及非身体层面，如交际者在表达意义时所使用的工具或所处环境等非语言手段（张德禄，2009）译者在翻译时须根据影片内容对画面、声效等进行补充翻译，为观众扫清理解障碍。因此儿童影视字幕译者须在有限的时间与空间内准确传递原文信息，灵活使用翻译策略对非语言媒介进行翻译。

【例 1】

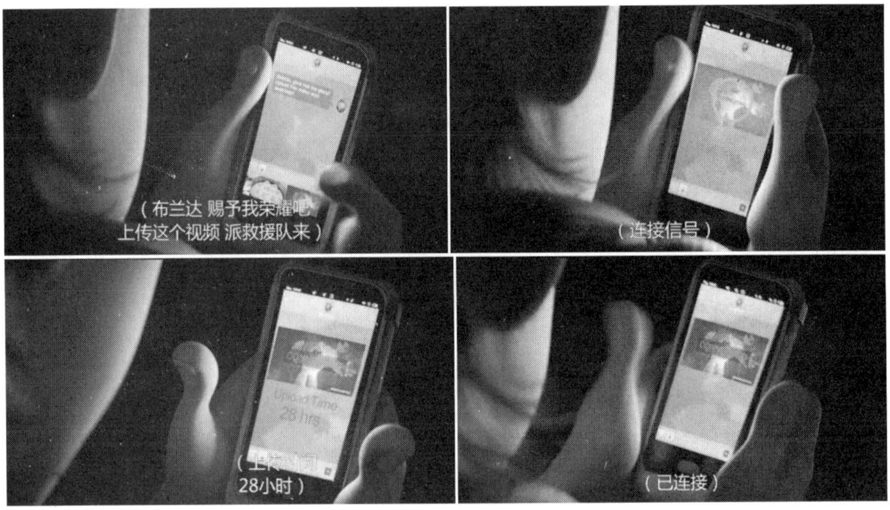

图 6-4　电影《雪怪大冒险》截图

例 1 摘自动画电影 *Small Foot*《雪怪大冒险》。Percy（铂西）误入山洞遇见雪怪，认为自己有危险，就将雪怪拍下来发给好友请她派人救援自己。但是山洞内信号太差，信息无法及时发送出去。图 6-4 为手机屏幕上铂西编辑的信息以及手机反应，译者将手机显示屏上的内容也翻译出来，能让儿童观众了解究竟发生了什么，让情节自然流畅，观众理解轻松。

【例 2】

原文：

Mr. Big：Ice'em.

Daughter：No，no，no！Wait，wait！

Daughter：She's the bunny that saved my life yesterday！

Daughter：From that giant donut！

Mr. Big：This bunny？

Daughter：Yeah.

译文：

大老板：动手。

女儿：不不不！等下，等下！

女儿：她就是昨天救我一命的兔子！

女儿：帮我挡了个大甜甜圈！

大老板：就是这只兔子？

女儿：对。

例 2 是动画电影《疯狂动物城》中的片段。“大老板”鼩鼱是黑帮老大，是一种能够用唾液腺分泌毒液的哺乳动物。由于兔子警官 Judy 和狐狸 Nick 无意惹到了大老板，大老板准备将他们放到冰窖里冻死，其女儿则认出 Judy 昨天帮其挡住滚动的甜甜圈而让她幸免于难。此处大老板说的“Ice'em”直译为“冰冻他们”，而译者结合大老板的手势与冰窖的画面将其译为“动手”，不仅准确传递了语句含义，也恰当表达了大老板威严的态度。而省略句“From that giant donut!”全句为“She have saved me from that giant donut!”若译文与原文一致省略为“从那个大甜甜圈!”则译文意味不明。译者根据画面情景考虑到兔子警官的动作，增译了“挡”字，使语句逻辑自然流畅。

五、儿童科普字幕翻译分析

在儿童影视作品中，科普视频属于比较特殊的一类，传递文化、传播知识较为重要，而娱乐观众次之。根据多模态话语分析综合理论框架，在文化层面，儿童科普视频翻译应最大化保留文化意象，以普及知识为主传递原文内涵；在语境层面，儿童科普视频翻译也应充分考虑话语范围、基调与方式，保证画面模态、声音模态及字幕文本的有机结合；在内容层面，儿童科普视频翻译应正确传递原文信息，可根据儿童本位增添信息辅助儿童理解，但删减原文信息须十分谨慎；在表达层面，儿童科普视频翻译要保证译语流畅，字幕不可过长，要与出现的时间相匹配，保证观众能在有限的时间里看完全句信息。

【例 1】

原文：

小暑虽不是一年中最炎热的时节，

但紧接着就是一年中最热的大暑。

民间有“小暑大暑，上蒸下煮”之说。

译文：

It's not the hottest times though.

The hottest is what follows, Major Heat.

There is a Chinese saying that goes

“Minor Heat, Major Heat, drenched in sweat.”

例 1 选自科普视频《话说中国节》(*Festive China*)。此处为介绍中国的节气“小暑”和“大暑”。其中译者为保留原文内涵，将其直译为“Minor Heat”与“Major Heat”。原文中也提到谚语“小暑大暑，上蒸下煮”，意思是在小暑与大暑时期，上有烈日当头，下有湿气蒸腾，天地之间就像大蒸笼。谚语朗朗上口，以广泛流传著称，为实现这一功用，译者从内容层面及表达层面出发，不得不舍弃“上蒸下煮”暗含的意象，仅概括性翻译为“drenched in sweat”，展示人们大汗淋漓之状。翻译特殊文体时，在无法同时保全内容和形式的情况下译者须斟酌内容和形式的重要性，灵活选择翻译的策略与方法。

【例 2】

原文：

传说有一年中秋，
唐玄宗
和杨贵妃
赏月吃胡饼时，
杨贵妃仰望皎洁的明月，被美景感染。
于是给胡饼起名为“月饼”。
后来祭月之风，
传入平常百姓家。

译文：

Legend has it that
on one Mid-Autumn Festival,
Emperor Xuanzong of Tang (712-756 A. D.)
and his favorite consort Yang Yuhuan
were appreciating the moon and eating the cake,
when Yang, touched by the bright, splendid moon,
decided to change the name of the cake to mooncake.
Later on, ordinary Chinese began to
worship and appreciate the moon on that day as well.

例 2 为科普视频《中国范儿》(*Feel of China*)的片段，主要科普了中国的中秋节与吃月饼这一传统的由来。译者在翻译原文的“唐玄宗”时加上了其在位时期(712—756 年)，使译语观众对于该皇帝存在的时期有具体概念。原文文学色彩较浓，其中“后来祭月之风，传入平常百姓家”表示这种吃月饼赏月的习俗像风一样传遍全国，大家都开始进行这种习俗。若保留其文学色彩将其译为“The wind of worshiping the moon”可能使观众不明所以，因此综合考虑文本文化层面及内容层面，译者将其处理为“Later on, ordinary Chinese began to worship and appreciate the moon on that day as well”，在准确传递信息的同时有效避免观众出现理解障碍。

【例 3】

原文：

由于没有巢穴，

从一出生起，

小金丝猴就没离开过妈妈的怀抱。

金丝猴不可能像其他哺乳类动物一样，

可以将小孩搁在窝里，

由父母亲轮流喂养。

译文：

In lack of a lair,

The baby snub-nosed monkey

has never been away from its mother's arms since birth.

Unlike some mammals,

the snub-nosed monkey parents don't leave the baby unguarded,

or take turns to care for the baby.

例 3 是科普视频《自然——神农架》中关于金丝猴的科普片段。原文中“小金丝猴就没离开过妈妈的怀抱”表示金丝猴妈妈总是去哪都抱着小金丝猴，其中“怀抱”一词如何译需要考量。根据剑桥词典“hug”一词的定义为 the act of holding someone or something close to your body with your arms①，并注图如图 6-5，而见图 6-6，金丝猴妈妈不总是如此“拥抱”着小金丝猴②，因此译者没有简单将“怀抱”一词译为“hug”，而是考虑语境层面与内容层面译为“its mother's arms”。

图 6-5　剑桥词典“拥抱”释义图

图 6-6　成都动物园金丝猴图

① https://dictionary.cambridge.org/dictionary/english/hug

② http://www.cdzoo.com.cn/news/flash/264

【例 4】

原文：

今年六月份出生的小鹿，

已经三个月大了，

缠着母亲索要奶水是它目前最关心的事。

为了供养小鹿，

母鹿每天必须消耗

至少五公斤的草叶，

母乳喂养不是长久之计，

断奶是眼下必须要做的事。

译文：

The fawn that was born in June this year

is now three months old.

All it wants is milk from its mother.

To ensure it has enough breast milk,

the doe has to consume at least 5 kg of grasses

and leaves every day.

But the mother can't always be there.

And weaning is a must now.

例 4 是科普视频《自然——神农架》中关于鹿的片段。原文中讲到“缠着母亲索要奶水是它目前最关心的事”，讲述了鹿哺乳喂养的习性。因此结合上下文语境，译者将“母乳喂养不是长久之计”减译为“the mother can't always be there”，以概括性的话语传递原文信息，也控制了字幕的字数。

【例 5】

原文：

Peekaboo, little squirrel.

Wait, Spike knows how to swim.

Yup, she's actually an excellent swimmer.

What! Hasn't this goat ever seen a hedgehog before?

Or the horse either.

See that Emma, she can roll into a ball

and raise her spikes.

If I were a hedgehog, I'd changed into

a prickly balloon too to scare off strangers.

译文：

躲猫猫，小松鼠。

等等，斯派克知道如何游泳。

是的，她实际上是个游泳健将。

啊！这只山羊以前没见过刺猬吗？

这头马也没见过刺猬吗？

艾玛，看那里，她可以滚成一个球，

然后竖起她的尖刺。

假如我是刺猬，我也会变成

“带刺的气球”吓跑陌生人。

例 5 是科普动画《如果我是一只动物》中关于刺猬的片段。其中“excellent swimmer”直译则为“优秀的游泳者”，出于表达层面的考虑，译者将其处理为“游泳健将”。除此之外，原文中“Or the horse either”表示“这头马也”，但这样直接翻译容易让观众理解混乱，因此在保证字幕时间空间可行的情况下，译者将其增译为“这头马也没见过刺猬吗”，完整的语言更容易为儿童读者所接受，也有助于其形成良好的语言习惯。

【例 6】

原文：

Oh she’s sleepy.

That’s a funny way to wash yourself.

It’s time to play tag, they are so fast.

They have to run fast in the wild.

So they don’t get caught by predators.

That little guy went too far.

译文：

哈哈，她困了。

这是个有趣的洗脸方式。

是时候玩捉迷藏了，它们太快了。

它们必须在野外跑得很快，

这样它们就不会被捕食者抓住。

那个小家伙太过分了。

例 6 是科普动画《如果我是一只动物》中关于刺猬的片段。此处是观察一只刺猬打哈欠、揉搓脸、在洞里跑着玩、叼起同伴等行为。翻译这种具有画面特写的字幕时，译者须充分考虑画面要素，实现字幕与画面有机结合，因此，译者将原文"wash yourself"在译文中处理为"洗脸方式"，因为此处的画面就是刺猬在揉搓自己的脸颊。

【例 7】

原文：

Before long, you'll have panther power!

Let's do the final check.

Powerful legs for leaping and pouncing.

Silent padded paws for stalking,

great sense of smell,

hearing and night vision,

with incredible reflexes and speed.

Don't forget sharp claws and teeth.

译文：

你们很快就会拥有美洲豹之力。

最后再确认一下，

强有力的四肢擅长跳跃和捕杀，

脚掌有肉垫，行动静无声，

嗅觉灵敏，

听觉发达，夜视能力一级棒，

拥有难以置信的反应速度和速度。

别忘了它们还有尖利的爪子和牙齿。

例 7 是科普动画片《动物兄弟》中关于美洲豹的科普片段。此处为动物兄弟们在保护美洲豹宝宝前了解美洲豹特性的片段。英文口语中常用名词短语并列表列举，而中文常用的五大短语结构为主谓短语、动宾短语、偏正短语、中补短语、联合短语。由于语言差异，译者要充分考虑内容层面与表达层面的需求，贴合儿童的理解能力，用流畅的译语表达原文信息。如"Powerful legs for leaping and pouncing"译为"强有力的四肢擅长跳跃和捕杀"，将"for"转换词性译为"擅长"；"Silent padded paws for stalking"译为"脚掌有肉垫，行动静无声"，将原文的名词+介词短语译为小短句，符合汉语表达习惯。

【例 8】

原文：

Martin：Okay, here's a fish.

Martin：Then what Mother Nature did was take this fish.

Martin：and change its head ... and then stretch it out.

Martin：so it was more like this ...

Martin：and then bent the body down this way ...

译文：

马丁：看着，这是一只鱼。

马丁：大自然母亲首先拿着这条鱼，

马丁：把它的头变成了这样，然后拉长，

马丁：就成这样了……

马丁：接着像这样把它的身体弯曲……

例 8 是科普动画片《动物兄弟》中关于海马的片段。马丁为了生动展示“为什么海马是鱼”，用海泥从鱼的样子一步步捏成海马的样子。此处是他边捏泥边讲解的步骤。镜头出现特写，译者需结合画面进行字幕翻译。原文中“and change its head ... and then stretch it out”直译应为“然后改变它的头……然后拉长它”，译者为与画面相配合，增译了词语“这样”，示意观众查看画面，在一定程度上实现了画面与字幕的有机配合。

六、掌握翻译技术——字幕软件

1. 字幕软件介绍

1.1 DivXLand Media Subtitler

DivXLand Media Subtitler 是一款免费的字幕编辑软件，主要用于制作和编辑视频字幕。

①支持多种字幕格式：DivXLand Media Subtitler 支持多种常见的字幕格式，包括 SUB、SSA、SRT、TXT 等，使用户可以选择满足其需求的格式。

②实时预览：能实时预览视频，让用户可以在编辑字幕的同时观看视频，确保字幕的时间和内容与视频内容同步。

③时间轴编辑：提供直观的时间轴编辑功能，允许用户调整字幕出现和消失的时间点，以确保字幕与语音同步。

④文本编辑和格式化：允许用户对字幕文本进行编辑，并支持一些格式化选项，如字体、颜色、大小等。

⑤快速翻译：内置简易翻译工具，帮助用户快速将字幕内容翻译成其他语言。

⑥字幕导入导出：支持导入和导出字幕文件，使用户可以在不同的平台和

播放器上使用生成的字幕文件。

⑦批量处理：支持用户进行批量处理，如批量翻译、批量调整时间轴等，提高字幕制作效率。

⑧可视化波形显示：具有音频波形显示，用户可以根据语音的声音波形调整字幕的时间轴。

1.2 Subtitle Edit

Subtitle Edit 是一款免费、开源的字幕编辑软件，主要用于制作、编辑和调整视频字幕。

①支持多语言：支持多种语言的字幕制作，用户可以轻松创建和编辑不同语言的字幕。

②实时预览：提供实时视频预览功能，支持用户在编辑字幕的同时观看视频，确保字幕的时间和内容与视频内容同步。

③多种字幕格式：支持多种字幕格式，包括 SRT、SSA、ASS、VTT 等，使用户可以根据需要选择合适的格式。

④编辑时间轴：提供直观的时间轴编辑功能，用户能准确调整字幕出现和消失的时间点，以确保音画同步。

⑤自动时间轴调整：内置自动时间轴调整功能，帮助用户更快速地将字幕与语音同步，提高制作效率。

⑥高级文本编辑：支持用户对字幕文本进行高级编辑，包括字体、颜色、大小等样式设置。

⑦批量处理：支持用户对多个字幕文件进行批量处理，例如批量翻译、批量调整时间轴等操作。

⑧音频波形显示：提供音频波形显示，方便用户根据语音的声音波形调整字幕的时间轴。

⑨字幕翻译：内置字幕翻译工具，用户能翻译字幕内容。

1.3 Arctime

①支持多语言：支持多种语言的字幕制作，用户可以轻松创建和编辑不同语言的字幕。

②实时预览：提供实时视频预览功能，支持用户在编辑字幕的同时观看视频，确保字幕的时间和内容与视频内容同步。

③多种字幕格式：支持多种字幕格式，包括 SRT、SSA、ASS、VTT 等，使用户可以根据需要选择合适的格式。

④编辑时间轴：提供直观的时间轴编辑功能，用户能准确调整字幕出现和消失的时间点，以确保音画同步。

⑤自动时间轴调整：内置自动时间轴调整功能，帮助用户更快速地将字幕与语音同步，提高制作效率。

⑥高级文本编辑：支持用户对字幕文本进行高级编辑，包括字体、颜色、大小等样式设置。

⑦批量处理：支持用户对多个字幕文件进行批量处理，例如批量翻译、批量调整时间轴等操作。

⑧音频波形显示：提供音频波形显示，方便用户根据语音的声音波形调整字幕的时间轴。

⑨字幕翻译：内置字幕翻译工具，用户能翻译字幕内容。

⑩AI：只要导入视频即可全自动根据视频中的语音生成字幕文字+时间轴，并可对其进行配音。

2. 字幕翻译技术指标

了解国家行业标准有助于译者开展翻译实践，提高专业素养。目前我国有关影视的最新国家标准为 2021 年 12 月 31 日发布、2022 年 4 月 1 日执行的《电视剧母版制作规范》（GY/T 357—2021），其中对片头字幕、对白字幕、片尾字幕区域的位置、大小及字体要求提出规范。

2.1　字幕位置

在本标准中，要求字幕位置如下：

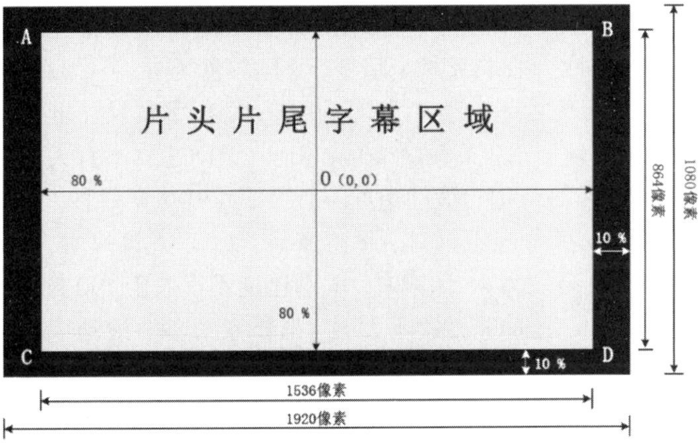

图 6-7　高清电视剧母版片头片尾字幕位置

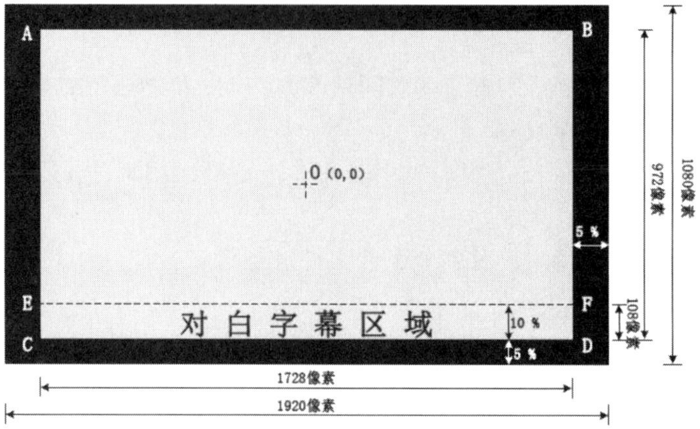

图 6-8　高清电视剧母版对白字幕位置

2.2　字幕字体要求

高清电视剧母版和 4 K 超高清电视剧母版的片头字幕(除电视剧片名外)字体宜为黑体、楷体、宋体等简体中文字体。高清电视剧母版的片头字幕(除电视剧片名外)垂直高度应不小于 40 像素。4 K 超高清电视剧母版的片头字幕大小(除电视剧片名外)垂直高度应不小于 80 像素。

高清电视剧母版和 4 K 超高清电视剧母版的对白字幕高度应为有效画面垂直高度的 5%, 容差为±1%。对白字幕时间间隔应参考节目内容需要, 一般在两句对白字幕之间应有至少 80 ms 间隔。对白字幕应为简体中文, 字体宜为黑体、楷体、宋体等简体中文字体, 颜色宜为白色(容差范围为 90%~100%), 4 K 超高清 HDR 对白字幕亮度不应超过 300 cd/m^2。对白字幕应在对白字幕区域内以居中方式排列, 且保持字体、字号、字体颜色统一。

高清电视剧母版的片尾滚动字幕应不闪烁, 每行字幕尺寸垂直高度宜介于 40 至 54 像素之间, 且当垂直高度为 40 像素时, 滚动速度不宜大于 110 像素每秒; 当垂直高度为 54 像素时, 滚动速度不宜大于 130 像素每秒。4 K 超高清电视剧母版的片尾滚动字幕应不闪烁, 每行字幕尺寸垂直高度宜介于 86 至 108 像素之间, 且当垂直高度为 86 像素时, 滚动速度不宜大于 190 像素每秒; 当垂直高度为 108 像素时, 滚动速度宜不大于 220 像素每秒。滚动字幕字体宜为黑体、楷体、宋体等简体中文字体。片尾滚动字幕可根据电视剧内容及风格需要适当选用色彩, 但须以不影响画面观看为宜。

3. 字幕软件操作

Arctime 是一款免费的字幕软件，具有流程简单、容易上手等优点。本章将以 Arctime 为例对字幕软件操作进行分析。

3.1　导入视频

打开 Arctime 后，直接拖拽文件或点击导入音视频导入视频。

导入后下方框中出现音轨（如图 6-9），出现的音波表示声音的大小，起伏大表示声音大，反之则小。可以利用音轨来判断视频中人物讲话的时间与时长。

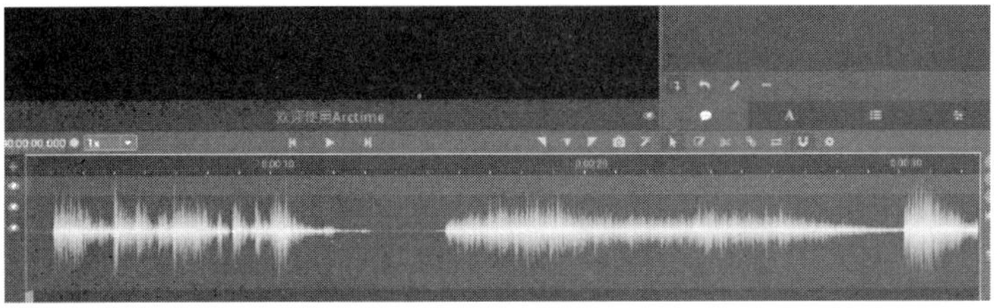

图 6-9　音轨音波示例

3.2　文件处理

Arc 无法识别 Word 文档，所以在导入我们做好的字幕文件前，必须先将 Word 文档转换为 txt（文本文档）文件。

PS：如图 6-10，字幕文件需为一行中文，一行英文；且每段字幕间需空行。

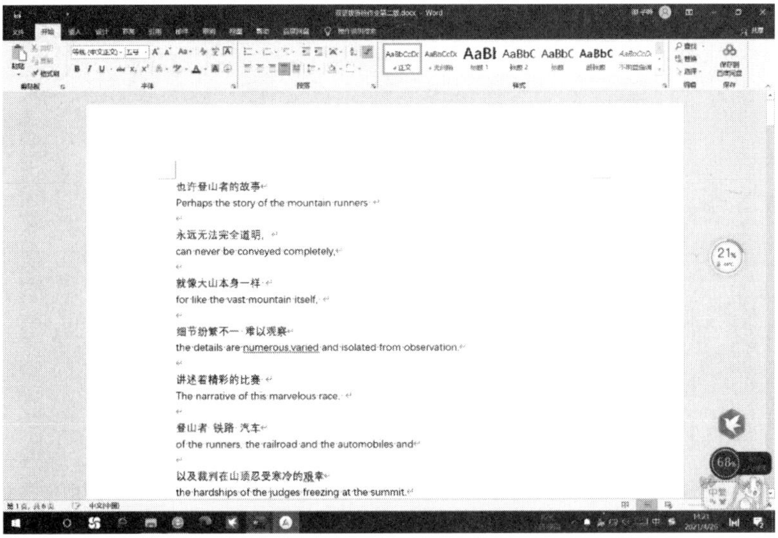

图 6-10　字幕文件示例

点击上方工具栏中的“文件”；点击“另存为”；点击“保存类型”为“文本文档(txt)”出现如图 6-11 的对话框，点击确定即可。

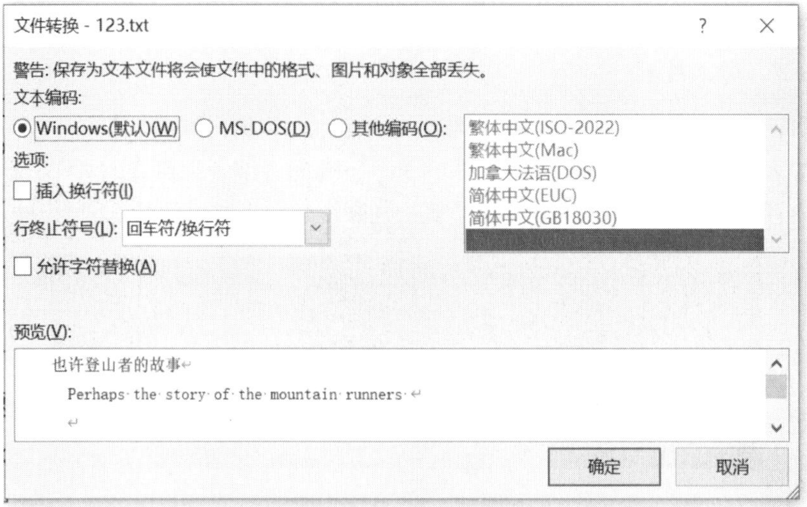

图 6-11　文本转换对话框

3.3　导入文档

将文本文档直接拖拽至 Arc 界面，出现如下图 6-12 的会话框；导入单(双)语言则选择单(双)语言。

图 6-12　字幕稿打开方式对话框

点进“双语言”，出现原文预览，点击“继续”，如图 6-13 所示。

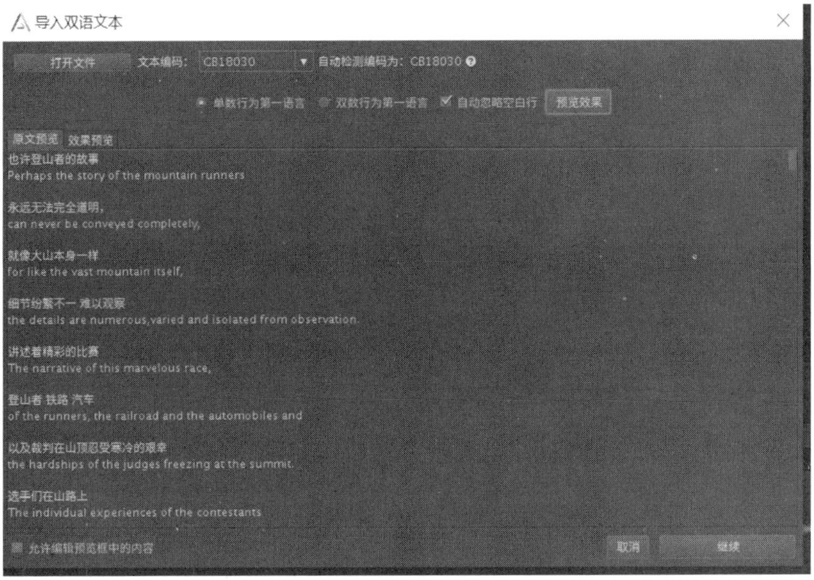

图 6-13　字幕稿原文预览界面

出现该界面(图 6-14)，导入成功。

图 6-14　字幕稿导入成功界面

3.4　拍打时间轴

（时间轴，简而言之，就表示字幕/声音在视频中出现的时间，表示同一句话的字幕和时间在同一时间轴中表现出来。）

点击音轨上方的工具栏中的“快速拖拽创建工具/JK 键拍打工具”，如图 6-15 所示。

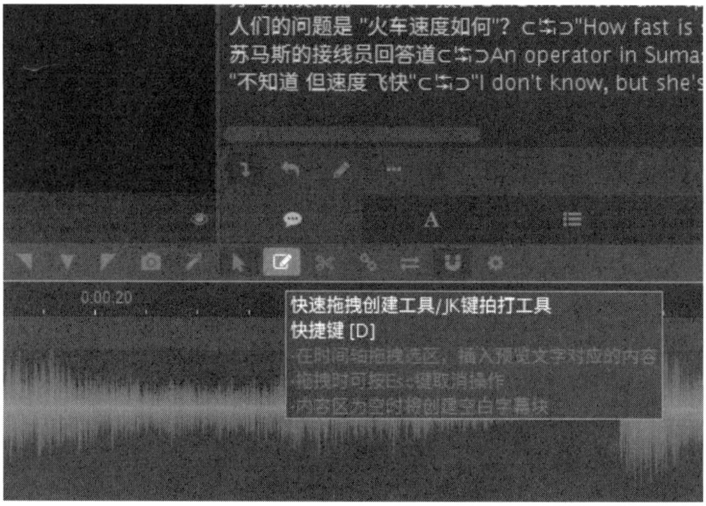

图 6-15　选择时间轴创建工具

在音轨框中，选取某个位置，长按鼠标左键，拖拽鼠标，即可创建时间轴，如图 6-16 所示。

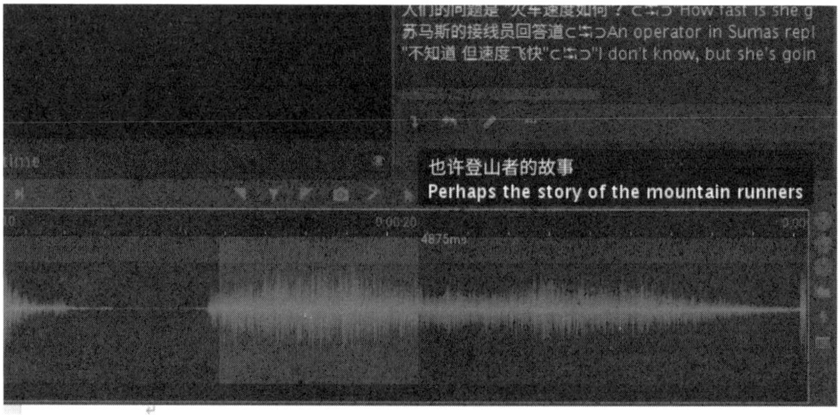

图 6-16　创建时间轴

视频中出现字幕，时间轴拍打成功，如图 6-17 所示。

图 6-17 时间轴已创建

3.5 拍打时间

以视频中的声波为主、音轨为辅，将字幕放在正确的位置，确保字幕出现的时长与原文话语播放的时长一致，如图 6-18 所示。

图 6-18 拍打时间界面

3.6 字体调整

点击工具栏上方的字母“A”，如图 6-19 所示；右上方的方框中“default”默认表示“字幕第一栏(汉语)”；“default-L2”表示“字幕第二栏(英语)”。

【以之前导入的文档为例，并非一定为汉语和英语】

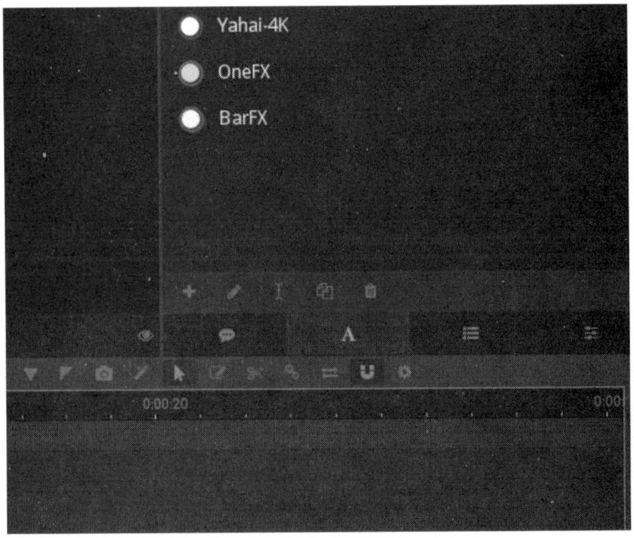

图 6-19　字体调整界面

点击字母“A”上方的 铅笔样式，出现编辑框，如图 6-20 所示。

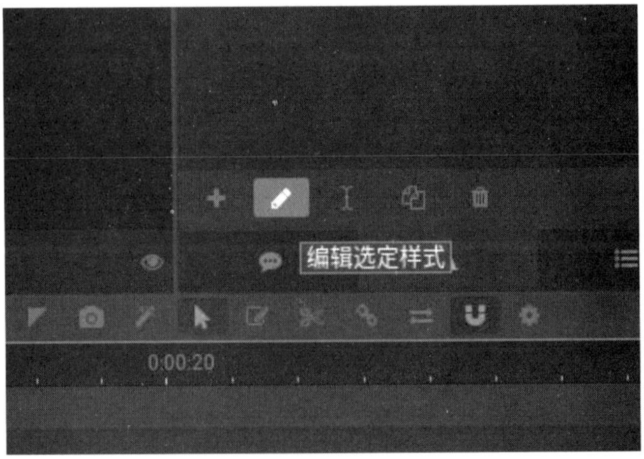

图 6-20　字体编辑框

根据里面的板块，调节自己想要的效果，如图 6-21 所示。

【无特殊要求时也须调节两个项目：字号——字体大小；垂直边距——与底部的距离】

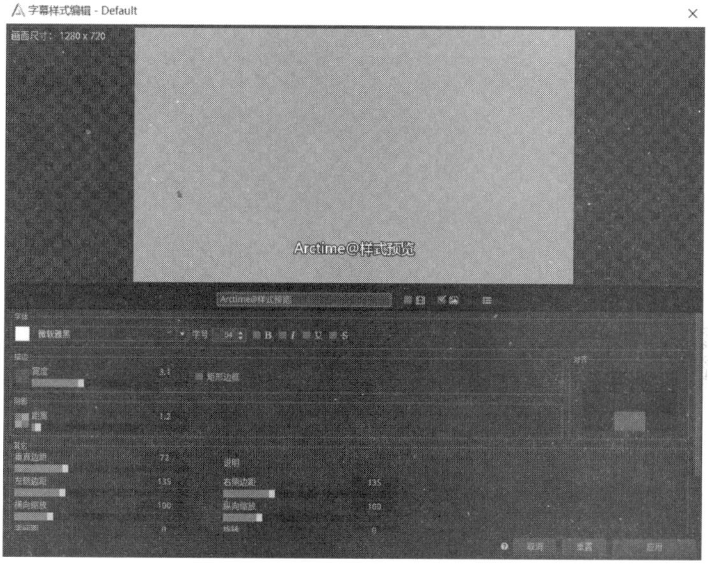

图 6-21　字体调整项目界面

3.7　轨道切分

双语字幕需切分双轨道，以呈现最终效果。点击软件上方的“语言处理”；再点击“将双语字幕切分为双轨道”即可，如图 6-22 所示。

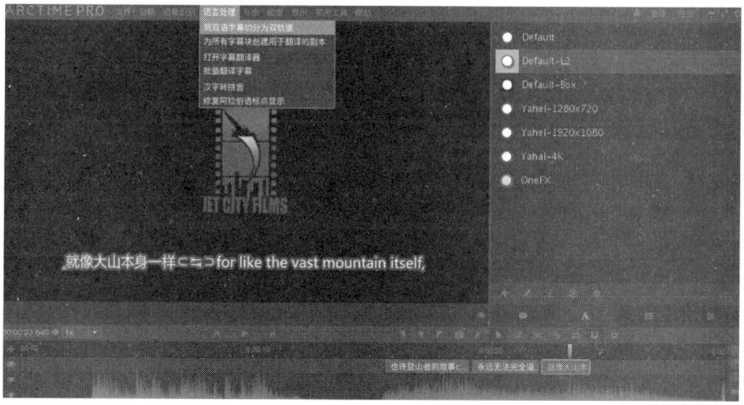

图 6-22　字幕轨道切分菜单

如图 6-23，成功创建双轨道字幕。

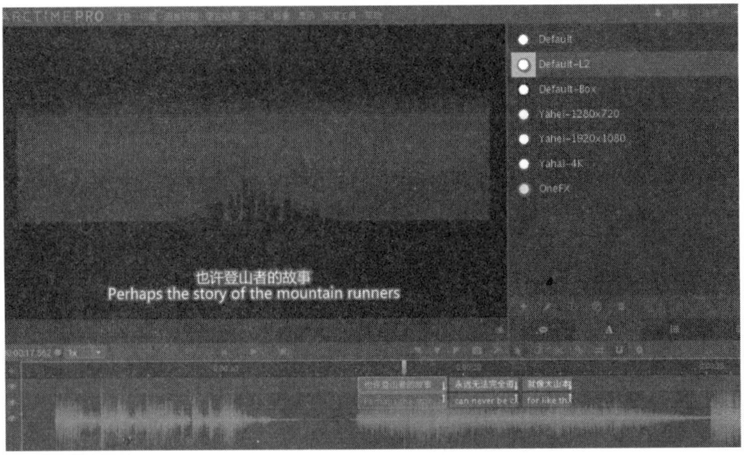

图 6-23　双轨道字幕已创建

3.8　视频保存

3.8.1 未完成，需保存以便下次接着做：
点击软件上方“文件”；点击“保存工程并生成字幕”，如图 6-24 所示。

图 6-24　保存工程并生成字幕菜单

如图 6-25，生成格式为.atpj/.ass 均可，再次工作时将其拖拽至软件界面即可。

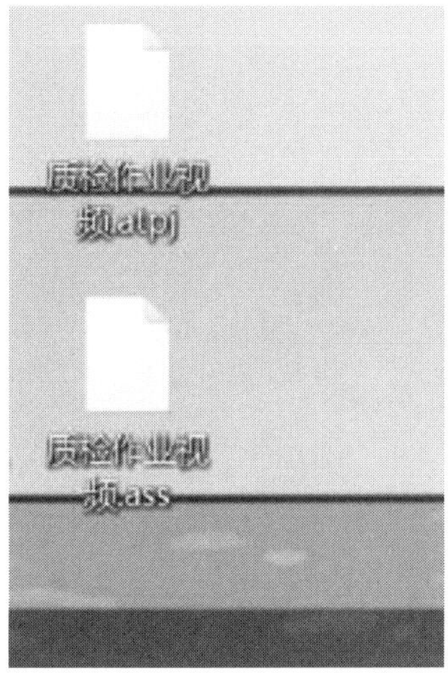

图 6-25　生成文件示例

3.8.2 已完成，生成 MP4 视频：

点击软件上方“导出”；点击“快速压制视频（标准 MP4）”，如图 6-26 所示。

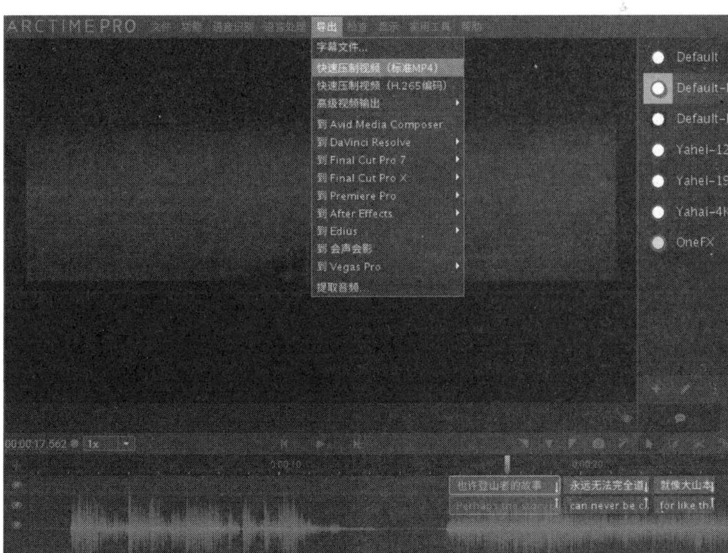

图 6-26　导出菜单

出现如图 6-27 的对话框，点击“开始转码”即可。

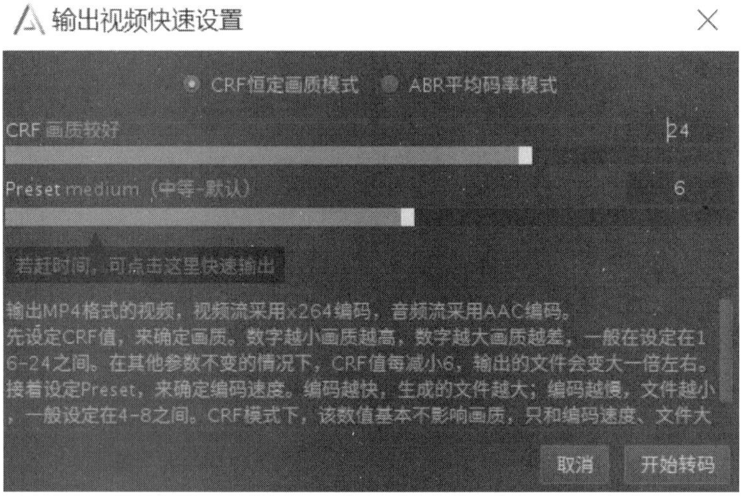

图 6-27　转码对话框

如图 6-28，含字幕的视频生成成功。

图 6-28　含字幕视频完成示例

参考文献

[1] 曹月娟, 雷震, 赵艺灵. 中国儿童影视发展政策演变二十年(2000~2021)[J]. 现代视听, 2021(011): 33-37.
[2] 陈旧光. 当代中国影视文化研究[M]. 北京: 北京大学出版社, 2004: 14-15
[3] 胡智锋. 影视文化论稿[M]. 北京: 北京广播学院出版社, 2001: 9-10
[4] 胡壮麟. 社会符号学研究中的多模态化[J]. 语言教学与研究, 2007(1): 1-10.
[5] 皮亚杰著, 付统先译,《教育科学与儿童心理学》[M]. 文化教育出版社, 1981.
[6] 田传茂, 王峰. 翻译与文化[M]. 北京: 中国社会科学出版社, 2017.
[7] 谢红秀. 译者的适应和选择: 影视翻译研究[M]. 西南财经大学出版社, 2017.
[8] 杨文文. 从多模态话语分析看《乱世佳人》字幕翻译[J]. 电影文学, 2012(19): 155-156.
[9] 张德禄. 多模态话语分析综合理论框架探索[J]. 中国外语, 2009, 6(01): 24-30.

第七章

儿童科普动画配音特点及翻译

一、儿童影视配音特点

配音有广义和狭义之分。广义的配音，是指按照人物口型、动作和片中情节需要，为未经现场录音所拍摄的画面配录人物语言、解说、音响效果和音乐的过程；而狭义配音则特指配录片中人物的语言(田园曲，2012)。配音翻译能弥补字幕翻译的局限性(郑建宁，2019)，扩大影视的观众层面。本章主要就影视人物语言配音进行探索，分析影视配音文体及儿童影视配音文体的特点。

1. 影视配音文体的特点

影视配音中，配音演员根据人物的对白、旁白与内心独白配置声音。影视配音文本以声音形式而非文字形式出现在观众面前，属于较为特殊的应用文体。根据影视配音自身的传播属性，学界根据实践经验，总结出了影视语言“五特性”：聆听性、综合性、瞬时性、通俗性和无注性(钱绍昌，2000)。以下针对上述特点进行分析。

1.1 聆听性

字幕与配音的最大区别之处在于字幕语言信息由视觉接收而配音语言信息由听觉接收。声音在影片中的重要性不言而喻，尽管默片别有一番风味，但是经过时代发展人们已经习惯有配音的影片，且对影片中的配音质量要求日益增高。相较于字幕容易分散观影者注意力而使其错过画面信息，配音的聆听性所带来的优势显而易见，配音能增强影片真实感，对影片具有美化作用，还能辅助画面的连续性。

【例 1】

苗宛秋：你们想激怒我

苗宛秋：你们成功了(↑)

苗宛秋：但是你们还没有想到

苗宛秋：激怒我的后果(↑)

苗宛秋：当然

苗宛秋：我也不想打击一大片

苗宛秋：但是擦枪走火

苗宛秋：伤及无辜

苗宛秋：在所难免(↑)

例 1 是电影《老师・好》的片段。苗宛秋老师在发现自己的自行车后轮挡泥板被拆，导致自己全身都溅满了泥后，第二天在体育课上质问是谁做的这件事。此处即为苗老师说的话。单从文本而言可以看出苗老师生气的态度，但是他有多生气、是怎么说的这段话就不得而知了。因此需要结合声音如上，苗老师在标有(↑)处都爆发了怒吼，可见苗老师对学生们一再的挑衅行为十分恼火，也很希望能找出那个幕后捣乱的人；且此时全班鸦雀无声，显然学生们也是被老师的威严吓到不敢发声。因此要全面了解人物的态度和心理，聆听影视配音是十分重要的手段。

【例 2】

Brooke：On the day of Heyworth's murder...

Brooke：I was getting...(悄声说)

Elle：What?

Brooke：I was getting (悄声说)

Elle：Huh?

Brooke：Liposuction!

Brooke：Oh, God!(无奈羞耻地痛哭)

Elle：No!

例 2 是 *Legally Blonde*(《律政俏佳人》)中的片段。爱丽作为布鲁克的律师来询问布鲁克关于案件的情况，而布鲁克则支支吾吾不愿说出她在丈夫被杀当天做了什么，爱丽鼓励她说出来以获得不在场证明，几番挣扎下作为身材较好的明星的布鲁克说出了她当天是去抽脂的事情。对布鲁克而言失去尊严比坐牢更可怕，因此有了如上对话。布鲁克害怕周围人听到，首先小心翼翼地朝对讲机悄声讲了两遍“我去抽……”，但是由于声音过小爱丽没有听清楚，讲到第三遍时布鲁克崩溃了，羞愧地痛哭起来。不听声音很难知道人物有这样的情绪波动，人物形象塑造也无法很饱满。因此聆听性是影视配音区别其他文体的关键特性。

1.2 综合性

影视作品包含画面和声音两种要素，画面的变化与声音的效果相互制约，相互影响。影视画面中人物的表情、手势动作都能影响声音的语气、声调等，而声音也能反过来丰富画面的生动性，二者结合构成统一整体。

【例 1】

配音台本	主要画面
Barney: Now tell me something about you that I don't know yet. Seriously.	真诚的眼神；右手端红酒示意；抬眉；邀请对方发言
Robin: Okay.	轻微摇头，放下红酒，拨动头发；停顿
Robin: There's a job opening at a new cable network that would be perfect for me.	眼睛向上看
Robin: Completely legit world news, interviews with people who matter	耸肩；微笑；语调上扬
uh, but I decided I'm not going to apply.	语调下降，低头看地板
Barney: Why not?	皱眉
Robin: Because I am a joke.	耸肩；尴尬的笑容

例 1 来自影片 *How I Met Your Mom*(《老爸老妈罗曼史》)，巴尼和罗宾正在聊天，得知罗宾有一个心仪的工作岗位但是却没自信申请，此处为他们的对话。从表 7-1 中可以看出，巴尼在认真倾听罗宾讲话，罗宾提到心仪岗位时微笑且语调上扬，这表示她十分向往这份工作，但是说到自己不会去申请时语调迅速降低，低头看向地板，可以得知她对于自己这个决定也非常无奈和遗憾。单听声音或单看画面很难让人明白发生了什么事，也难以知道人物的想法与心理。声音与画面相配合才能让观众迅速抓住信息，获得最佳观影体验。

【例 2】

配音台本	主要画面
女儿：爸爸，你看，这是哥哥给我买的雪糕	女儿坐在秋千上，开心地笑着，举起雪糕向苗宛秋示意
苗宛秋：扔了	洛小乙变脸皱眉
女儿：不要	女儿嘟嘴，不开心

续表7-2

配音台本	主要画面
苗宛秋：扔了	苗宛秋厉声，表情严肃；女儿被吓哭跑了
苗宛秋：洛小乙，祸不及家人	语气不自信；指着洛小乙
苗宛秋：这点江湖规矩你应该懂	皱眉，低头走开

例 2 是影片《老师 · 好》中的片段。一向被视为差生的洛小乙想入团，因此早早地在苗老师必经之地等他，还给苗老师的女儿买了雪糕陪着她玩。苗老师遭遇了几次学生挑衅事件，认为幕后指使是洛小乙，因此担心他会欺负自己的女儿。此处是他们的对话。结合画面与声音来看，女儿和洛小乙相处得很好，她向爸爸展示时也是一脸开心的样子。苗宛秋很气愤洛小乙找到自己家来，也很担心女儿有什么事，因此他表情严肃，声调上扬，让女儿把手里的雪糕扔了。洛小乙看到苗宛秋对自己的态度心里也不开心。短短的十几秒内观众能获得大量信息，这就是声音与画面形成有机统一体的结果。

1.3　瞬间性

影视剧中人物的对白是有声语言，一瞬而过，若听不懂只能放弃，既不能让你再听一遍，也不容你思索，因为一思索便听不清后面的话（钱绍昌，2000）。影视人物对话与日常生活对话一样，在极短时间内完成信息的传递。第六章提到字幕具有瞬时性，从 srt 文件格式标注的时间节点能看出单句话输出的时间很短；影视配音与字幕是同时出现的，且可以通过如图 7-1 和 7-2 的波形图进行参考。

【例 1】

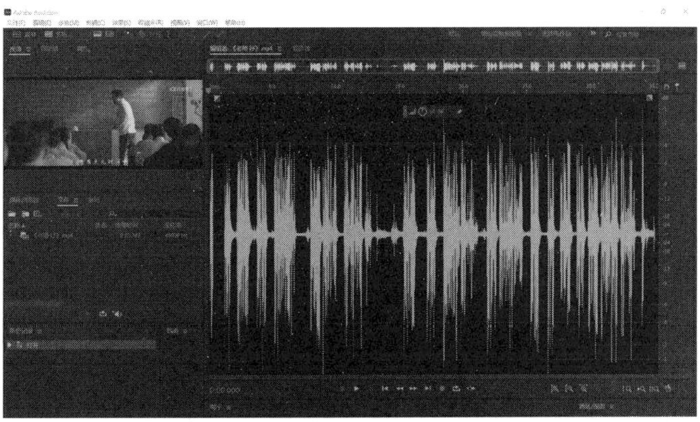

图 7-1　电影《老师 · 好》片段波形图

【例 2】

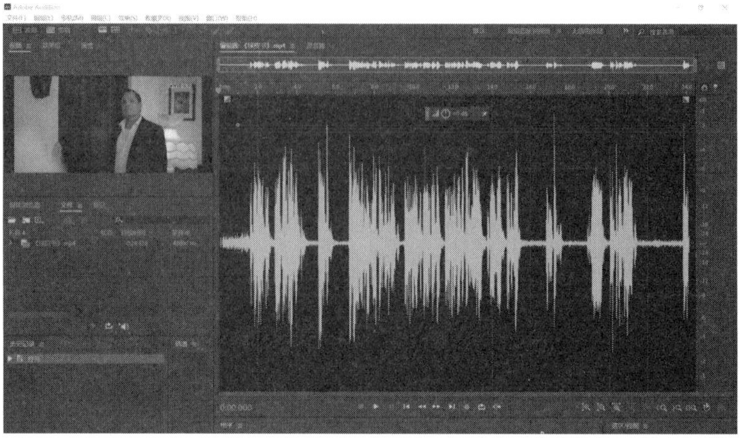

图 7-2　电影《绿皮书》片段波形图

例 1 为从影片《老师·好》中摘取的影视片段导入 Adobe Au 后出现的音轨，例 2 是电影 *Hulk*《绿巨人浩克》的影视片段导入 Adobe Au 后出现的音轨。绿色部分即为音轨图，表示一段时间内音量的变化，横轴表示时间变化，单位为 1s 一小格；纵轴表示音量变化。根据例 1（图 7-1）与例 2（图 7-2）图的对比可知，每个视频的音轨图都不同。从音轨图可看出每一段台词持续的时间很短，足可见影视配音字幕的瞬时性。

1.4　通俗性

影视本身面向大众，这就要求影视语言雅俗共赏，老少皆宜。其对白不能过于典雅，太晦涩（钱绍昌，2000）。影片为传递新信息的渠道之一，要想让观众理解并接收陌生信息，除了传播方式要新颖有趣，其语言本身也应契合大众理解水平。通俗化的语言能有效防止给观众造成信息过载，降低观众观看影视时产生的疲惫感。尤其是对于儿童影视作品而言，通俗化甚至童趣化的语言是连接观众与影片的通道。

【例 1】

Forrest Gump：Hello. My name's Forrest，Forrest Gump.

Forrest Gump：Do you want a chocolate?

Forrest Gump：I could eat about a million and a half of these.

Forrest Gump：My mama always said

Forrest Gump：Life was like a box of chocolates.

Forrest Gump：You never know what you're going to get.

例 1 来自影片 *Forrest Gump*（《阿甘正传》），阿甘在经历了很多事后发出了以上感慨，“Life was like a box of chocolates. You never know what you're going to get.”直译为“人生就像一盒巧克力，你永远不知道下一块是什么”，暗示“人生具有不确定性，充满了无限可能”。此处阿甘使用手上的巧克力作比喻，用最通俗的语言展示了深刻的人生哲理。这句话广为传颂，不只是因为它本身具有哲理性，更是因为它通俗易懂耐人寻味。如果滥用高雅之词讲道理，观众可能不会买账，反而会降低其观看欲望。

【例 2】

林治远：小伙子，绑牢了吗？

工人：天桥的手艺，

工人：擎好吧您内。

例 2 是影片《我和我的祖国》的片段。工程师林治远为开国大典上国旗装置的负责人，在前一天检查时他发现装置出现纰漏，因此要爬上旗杆替换零件，而现场工人则帮他绑好旗杆防止出现意外。这是他与现场工人的对话。其中天桥指北京天桥，是民间艺术的发祥地。而“擎好吧您内”为北京话，表示“这事没难度，等着他顺利完成”之意。在影片中使用方言也是其通俗性的特征，方言能展示事件发生地，彰显地域特色，拉近影片与观众的距离。

1.5　无注性

作者常在文字作品难解之处添加注释供读者参考，而影视作品则通过添加字幕进行时间、地点或事物说明，一般不随意添加旁白进行讲解。旁白的出现象征另一视角的存在，会影响影片叙事本身的流畅性。影视配音的无注性就体现于此。

【例】

图 7-3　《觉醒年代》地点标注

图 7-4 《觉醒年代》人物标注

该例截取自电视剧《觉醒年代》。剧中每出现一个人物或重要的地点就会在画面中添加说明性字幕进行人物身份与地点介绍。有些影视剧人物线索多、故事矛盾复杂，添加标注使用全知视角能让观众了解故事全貌。配音语言的无注性体现在影片内叙事者往往不打断影片叙事进程，仅在出现时间重大跨越、发生重大事件时才进行旁白叙述。因此为保证影片流畅性，影视作品多通过在画面添注说明性文字进行背景信息的补充。

2. 儿童影视配音的特点

儿童影视作品指以儿童为对象创作的影视作品，遵循儿童本位性，具有趣味性、教育性等特性。由于儿童具备成长性，低幼龄儿童影视作品往往只配音而不添加字幕，以免分散其注意力；而中高龄儿童已经具备阅读字幕的能力，其影视作品往往添加字幕以供其学习。以下针对儿童影视配音的特点展开阐述。

2.1 叙事阶段性

皮亚杰认为儿童成长过程可分为四个阶段，分别为感知运动阶段(0—2岁、前运算阶段(2—6 岁)、具体运算阶段(7—11 岁)、形式运算阶段(12—15岁)(皮亚杰，1981)。由于儿童理解与接受能力随年龄阶段变化，影视作品的配音数量也会随之增减，其声音选择也呈现一定特性。

在感知运动阶段，儿童无意识地接触世界，此时影视配音往往较多使用音乐而较少使用对白，甚至无对白。在前运算阶段，儿童认知逐渐发展，配音中使用对白进行叙事，且动画人物常为动物或主角为 3—5 岁的儿童，其配音声调也为 3—5 岁小孩的声音，能极大吸引该阶段儿童的兴趣。在具体运算阶段，这时的儿童思维已具备了可逆性和守恒性，遇见事情时能进行一般的逻辑结构的推理(皮亚杰, 1981)。因此配音往往对白数量较多, 对白速度适中, 且动画人物也相应多为 6—12 岁小孩。在形式运算阶段, 儿童的认识超越了现实, 具备命题运演的能力(皮亚杰, 1981)。因此此时的动画电影常常蕴含较深的哲理, 对白数量多, 速度或较快, 与普通影视动画接轨。

【例】

Buzz: Buzz Lightyear mission log, stardate 4 0 7 2.

Buzz: My ship has run off course en route to sector 12.

Buzz: I've crash landed on a strange planet.

Buzz: The impact must've awoken me from hypersleep.

Buzz: Terrain seems a bit unstable.

该例是动画电影 *Toy Story*(《玩具总动员》)中的片段。《玩具总动员》的目标观众为 7-10 岁的儿童, 其语言组织更为严密, 配音音色较之低幼龄影视作品更为成熟。其中"stardate"和"hypersleep"为合成词, 分别意为"星际日期"与"超级睡眠"; 而"en route"为法语词, 意为在路上(on the way)。合成词与法语词的输入极大提高了影视配音文本的难度, 而目标儿童观众具备具体运算思维的特点, 需要接受较难文本实现其成长性。

2.2　观众互动性

儿童影视动画具有趣味性, 这一特性可以通过影片与观众互动实现。在儿童影视作品中, 动画人物或画外音常常与儿童互动, 邀请儿童发音或做指定的表情动作, 从而保持儿童的兴趣, 实现儿童影视动画传播的目的。

【例】

Mickey Mouse: Hey, everybody. It's me, Mickey Mouse.

Say, you wanna come inside my clubhouse?

Well, alright. Let's go!

Aw, I almost forgot, to make the Clubhouse appear, we get to say the magic words.

"Meeska, Mooska, Mickey Mouse!"

Say it with me, "Meeska, Mooska, Mickey Mouse!"

图 7-5　《米奇妙妙屋》开场截图

该例是影视动画 *Mickey Mouse Clubhouse*(《米奇妙妙屋》)中的一段, 此处为每一集开头米奇与观众互动的独白。在讲到"Say, you wanna come inside my clubhouse?”时，米奇会做附耳倾听状，就好像真的在与荧幕前的观众对话。随后米奇用祈使句劝诱观众与其一起念口号“Meeska, Mooska, Mickey Mouse!”口号颇具韵律，朗朗上口，能号召儿童观众行动从而达成互动。

2.3 动物拟人化

现实中动物无善恶优劣之分，但在儿童影视作品中动物常作为动画人物承担有身份、有意义的角色，由于人主观审美的影响，动物角色逐渐有了性格特点与派别。不同地区对于动物的看法不同，褒贬程度也不一。一般而言，熊猫、兔子、羊等食草动物多以正面形象出现，而老虎、鲨鱼、狼等则以反面形象出现。

【例1】

Doug: You got Doug here. What's the mark?

Doug: Cheetah in Sahara Square. Got it.

Doug: Serious? Yeah, I know they're fast, I can hit him.

Doug: Listen, I hit a tiny little otter.

Doug: through the open window of a moving car.

Doug: Yeah, I'll buzz you when it's done.

Doug: Or you'll see it on the news.

Doug: You know, whichever comes first.

例1是动画电影*Zootopia*(《疯狂动物城》)中的片段。该电影讲述了兔子朱迪通过自己努力奋斗在动物城成为众人认可的动物警察。该电影没有人类角色，所有动物都能开口说话，都具有鲜明的性格特点。此处是反派化学家公羊道格在接到新任务后所说的话。结合声音与画面可知，道格是一只体型硕大的公羊，身材臃肿，力大无穷，它曾射击过一只坐在车里的小水獭，此时他即将要射击撒哈拉猎豹。动物城的动物们像人一样生活，像人一样思考，具有善恶美丑之分。儿童影视作品常以动物为主角，赋予其人类所有的特质，从而引起儿童观众的兴趣，拉近其与影片之间的距离。

2.4 人物个性化

儿童影视动画中人物的性格为推动情节发展、构建事件冲突的基础。动画人物常用类型化手法塑造，且具有两大特性：人物的个性特征明显，往往为单一性格人物；人物性格特质更鲜明，相较于现实生活更为夸张鲜活。以下通过儿童影视作品实例对人物个性化进行分析。

【示例】

小白：我相信他。

小青：相信？
小青：我才不相信。
小青：我杀了你这个捕蛇人！
小白：小心！
小白：闪开！
小青：姐姐，你忘了师父再三教导的，
小青：人都是再狡猾不过的骗子强盗！

示例选自动画电影《白蛇·缘起》，由于捕蛇可抵税，许多村庄以捕蛇为生，阿宣也是捕蛇者中的一员。蛇妖小青见姐姐小白与阿宣在一块十分生气，欲痛杀阿宣为同族报仇，但小白相信阿宣与旁人不同。此处为小白与小青发生的争执。小青在怒吼"我才不相信"时化身成蛇妖并对阿宣进行攻击。从影视配音中可知小青是个率直刚毅、爱憎分明的角色，而小白更为善良，更愿意相信他人。

二、儿童影视配音翻译

儿童影视配音翻译不仅要考虑影视作品的聆听性、无注性、综合性、瞬时性与通俗性，还要兼顾儿童影视作品的叙事阶段性、观众互动性、动物拟人化、人物个性化。根据儿童影视的特征，本节针对儿童影视配音翻译策略及儿童影视字幕与配音对比翻译分析展开。

1. 儿童影视配音翻译策略

在儿童影视作品配音翻译中，译者首先需要熟悉原片中语言的表达特点，抓住影片人物的性格特征，再根据影视语言进行翻译。其配音翻译须与原片人物角色的行为特征同步，把握作品的叙事节奏，实现声画对位，口型耦合；贴合人物，重现性格；明晰翻译，准确至上；简化信息，儿童本位。

1.1　声画对位，口型耦合

声画对位，即影视作品中画面与声音以相互独立的方式分别表达内容，同时遵循内在逻辑从不同方面阐释统一含义。口型耦合分为音节耦合与开合耦合。音节耦合指译文音节数量要与原文一致，停顿处也要相同；而开合耦合指译文与人物说话口型相匹配，停顿处也须一致。译者在进行影视配音翻译时要充分发挥能动性，灵活使用翻译策略，调整原文语序，以达到声画对位、口型耦合的效果。

【例 1】

原文	配音译文
Big summer blow out.	夏季大酬宾
Halfoff swimming suits, clogs	游泳衣半价　木头拖鞋
And a sun balm of my own invention, yah?	还有我自己发明的防晒霜怎么样
Oh, great.	哦 太好了
For now, how about boots,	不过……有靴子吗
Winter boots ... and dresses?	冬天穿的……靴子和衣服?
That would be in our winter department.	那些在冬季服装专柜
Oh. Um, I was just wondering, has another young woman,	哦 我随便问问 有没有一个年轻女人
The Queen perhaps, I don't know, passed through here?	可能是女王 (我不知道)经过这里?
Only one crazy enough to be out in this storm is you, dear.	我说亲 只有你会在暴雪天出门

例 1 选自动画电影 *Frozen*(《冰雪奇缘》)的原译文配音文本。安娜在冰天雪地里走进了一家商店，此处为商店老板奥肯与她的对话。原文“Big summer blow out.”在字幕中译为“夏季大甩卖”，而配音版则处理为“夏季大酬宾”，这是译者出于口型耦合的考虑，其中“blow”与“酬(chou)”发音时口型相似，能大大增加观众观影舒适度。译者在声画对位上也做了考量，如“Winter boots ... and dresses?”在字幕中译为“有冬靴和衣服吗”，而配音则将其处理为“冬天穿的……靴子和衣服”，不仅在停顿处与原文契合，音节数也达到一致。

【例 2】

原文	配音译文
原来他和你有关系	You and the Ox are connected?
众生不该纠缠在此怨气纠结之城	It is the natural order for beings to reincarnate
都早该轮回 解脱而去	not stay trapped in their own resentment
这座城不应存在	This city shouldn't exist
我给了他一身护体金光	I gave him a golden aura
助他占了修罗城	to help him conquer Asuraville

例 2 是动画电影《青蛇·劫起》中的片段。蛇妖小青进入幻境后发现法海与摧毁修罗城的牛头帮主有关联，此处为法海的陈述。原文中“众生不该纠缠在此怨气纠结之城”与“都早该轮回 解脱而去”两句信息负载量大，文化背景需求高，因此译者为实现译文声画对位，使用省译的策略将原文“城”与“解脱而去”的概念删去，仅保留中心意思以求配音文本的简洁性。且第一句较之第二句更长，译文为保证口型耦合，将二者调换语序译为“It is the natural order for beings to reincarnate”与“not stay trapped in their own resentment”。

1.2　贴合人物，重现性格

影视动画作品中，人物往往特征明显，性格鲜明。配音时其语音语调也与人物性格息息相关。温柔的人物大多声音柔和，轻声细语；而开朗的人物常常音色明亮，语调高昂。在进行影视动画配音时，译者应充分考虑人物性格，使译入语观众在最大程度上获得与源语观众相同的体验。

【例 1】

原文	配音译文
Hagrid：Norbert’s gone.	诺伯走了。
Hagrid：Dumbledore sent him off to Romania	邓不利多送它去了罗马尼亚，
Hagrid：to live in a colony.	过群居生活。
Hermione：That’s good，isn’t it?	那可是好事呀！
Hermione：He’s with his own kind.	和他的同类在一起。
Hagrid：What if he don’t like Romania?	可要是他不喜欢罗马尼亚呢？
Hagrid：What if the other dragons are mean to him?	要是其他的龙欺负他呢？
Hagrid：He’s only a baby.	他毕竟还是个小宝宝。

例 1 是动画电影 *Harry Potter and the Sorcerer’s Stone*（《哈利·波特与魔法石》）中的片段。诺伯是一条喷火龙，海格很喜欢它，但是由于这是禁养的宠物，诺伯被送往罗马尼亚。海格是一个憨厚善良、拥有极强正义感的巨人，此处为他与赫敏关于诺伯的一段对话。原文中“What if the other dragons are mean to him?”直译为“要是其他的龙对他很刻薄呢？”译者考虑到海格对诺伯的爱护之心，将其译为“要是其他的龙欺负他呢？”同样，“He’s only a baby.”译为“他毕竟还是个小宝宝”，体现了海格把诺伯当孩子一样地关心。

【例 2】

原文	配音译文
蒙面人：彩云小姐	Ms. Rose Cloud.
蒙面人：偷袭别人可不地道。	It's not nice to ambush people.
李云祥：等一下。	Wait.
蒙面人：跟我说话呢?	Uh? You talking to me?
李云祥：她是谁?	Who is she?
蒙面人：她？石矶娘娘的传人啊!	Oh this. This is the disciple of Demon Shiji.
彩云：你这个害人的灾星，	You can't help yourself, can you?
彩云：走到哪就把灾祸带到哪。	You bring disaster whoever you go.

例 2 是动画电影《青蛇・劫起》中的片段，李云祥在殿内遭彩云报复袭击，蒙面人为其挡下一箭，此处为他们三人的对话。彩云的师姐曾遭李云祥的前世(哪吒)一箭毙命，且哪吒生性顽劣闯了很多祸，因此她骂哪吒是灾星。原片中彩云对李云祥怒吼“你这个害人的灾星”，译者仔细揣度人物性格与心理后将本句译为反问句“You can't help yourself, can you?”。反问句借疑问句之形式传递确定的信息，能增强其语气，有助于表达鲜明的爱憎态度。这一句式转换恰到好处地传递了动画人物的态度与性格。

1.3　明晰翻译，准确至上

影视动画中常常出现在源语环境下可以理解而译入语观众难以明白的概念，如文化负载词；也常有源语文本逻辑较为跳脱的情况。此时配音翻译译者要根据儿童的知识背景与理解能力，对难以理解或需添补逻辑的地方进行明晰化翻译，实现原文的准确传递。

【例 1】

原文	配音译文
妈妈：到了人间，可全靠你自己了。	You'll be all on your own up there in the human world.
妈妈：来，再多吃几个。	Here, you need eat more.
椿：妈，我真的饱了。	Mother, I'm full.

例 1 来自动画电影《大鱼海棠》，椿在成年礼之际要与同龄人一起去往人间经受考验，此处是赴往人间之前椿与妈妈的对话。影片中椿住在“神之围楼”里，这

是与人类世界平行的海底世界。原文中妈妈叮嘱椿“到了人间 可全靠你自己了”，直译应为“You'll be all on your own in the human world”。此片段出现在影片开头，因此译者增添了部分背景信息“up there”，提示动画人物住在海底世界，让观众更能理解事件发生的背景，因此合理的增译能适时帮助观众理解。

【例 2】

原文	配音译文
Sorting Hat：Difficult，very difficult.	不好办哪，那可真是太难办了。
Sorting Hat：Plenty of courage，I see. Not a bad mind，either.	看得出你很有勇气，而且心眼也不坏。
Sorting Hat：There's talent，oh，yes.	才华横溢，没错！
Sorting Hat：And a thirst to prove yourself.	还极其渴望证明你自己。
Sorting Hat：But where to put you?	可把你分在哪呢？
Harry：Not Slytherin，not Slytherin！	不要斯莱特林，不要斯莱特林！

例 2 是 *Harry Potter and the Sorcerer's Stone*（《哈利 · 波特与魔法石》）中的片段。分院帽在分析哈利 · 波特时抉择很艰难，因为哈利 · 波特具有与常人不同的特性。原文中“Plenty of courage，I see. Not a bad mind，either.”是分院帽的喃喃自语，该句十分口语化，省略了部分信息，原句应为“You have plenty of courage，I see. You don't have bad mind，either.”省略信息具有信息碎片化的特性，该句直译则为“大量勇气，我明白了。也没有坏心思。”译者为保证配音对白的流畅，在翻译时选择对译文进行明晰化处理，译为“看得出你很有勇气，而且心眼也不坏”，将其暗含的译文全部显现出来，扫清观众的理解障碍。

1.4　简化信息，儿童本位

由于儿童具有成长性，其知识储备通常随着年龄增长与学习摄入而不断增强。对于儿童而言，远超过其知识范围的陌生信息容易引起困惑，从而使其失去耐心，对影视动画失去兴趣。因此译者在翻译时要充分考虑目标读者的理解力与知识水平，在适宜的区间译出观众喜闻乐见的译文。

【例 1】

原文	配音译文
这件展品是雷峰塔地宫一个小小的不解之谜。	Here we have on display one of Leifeng Pagoda is a little mysterious.
是支钗子？	Wow，is that a hairpin?

续表

原文	配音译文
对，是一支钗子。	Correct, it is a hairpin.
值得一提的是，	But there is something unique about this one.
这是一支骨钗。	You see,
但这个骨钗不是古代的古，	The one is not only incredibly ancient.
是骨头的骨。	It's made of bone.

例1选自动画电影《青蛇·劫起》，蛇妖小青误入另一时空的修罗城，她在这里逛博物馆时无意听到讲解员正在讲解姐姐小白的骨钗。此处为讲解员的讲解词。原文中"但这个骨钗不是古代的古，是骨头的骨"是讲解员考虑到汉字"古"与"骨"的同音异义之特点，担心听众误解作出的解释。对于译入语观众而言，他们大多不能理解外国文字的异同会产生何种误解，因此此处译者将"古"与"骨"的概念进行模糊化，仅传递其中心意思译为"The one is not only incredibly ancient. It's made of bone."这样既保证了信息的准确又避免让观众认知过载。

【例2】

原文	配音译文
Okay. Tell me if this story sounds familiar.	好吧，我给你讲个故事怎么样？
Naive little hick with good grades and big ideas	从前有个天真的小村姑很有理想
decides "Hey, look at me, I'm gonna move to Zootopia ...	有一天她想：我要搬到动物城去……
where predators and prey live in harmony	那里的食肉和食草动物很友爱，
and sing Kumbaya!"	还会一起唱理想歌儿！

例2是动画电影 *Zootopia*（《疯狂动物城》）中的片段。狐狸尼克讽刺兔子警察朱迪心怀大梦想但根本无法实现。原文"Kumbaya"指非裔美国嘎勒黑人的传统圣歌（直译为"到这里来吧"），表达了非裔基督徒呼唤上帝降临、拯救苦厄的愿望。译入语观众并不具备该文化背景，因此译者考量之后将其译为"理想歌"，既能保留这首歌的含义，也能防止观众认知过载而出现困惑不清的情况。

2. 儿童影视字幕与配音对比翻译分析

由于译文展现形式不同，字幕翻译文本与配音翻译文本也不尽相同。同一部影视动画时常出现字幕与配音文本不同的情况，这是由于观看字幕版本的观众其知识能力与理解水平往往更高，而配音版本较常为不识字的低幼龄儿童配置。本节针对同一儿童影视中字幕文本与配音文本进行对比分析。

【例1】

原文	字幕文本	配音文本
How come you don't have a laser, Woody?	你怎么会没有雷射呢，胡迪？	你怎么没有雷射枪，胡迪？
It's not a laser! It's a ... It's a little light bulb that blinks.	那不是雷射，那只是会闪的灯泡。	才不是雷射呢……哈哈！是发光的灯泡罢了。
What's with him? Laser envy.	他怎么了？嫉妒雷射。	他怎么了？他是妒忌。
All right, that's enough!	好了，够了！	好了，别烦人了！
Look, we're all very impressed with Andy's new toy.	我们对安弟的新玩具都印象深刻。	听着，我们大家都很欣赏安弟的新玩具。
Toy?	玩具？	玩具？
T O Y. Toy!	T O Y 玩具！	你 就 是 玩具！

例1是*Toy Story*(《玩具总动员》)中的片段。玩偶胡迪害怕安弟的新玩具礼物巴斯会取代他的位置，因此对巴斯光年的态度很差。此处为胡迪对巴斯光年的雷射装置表示不屑并试图打压巴斯光年的地位。对比字幕与配音文本可知，译者为达到声画对位、口型耦合对译文长度、停顿都进行了改动。

"It's not a laser! It's a ... It's a little light bulb that blinks."一句中，字幕文本译为"那不是雷射，那只是会闪的灯泡"，而配音文本则译为"才不是雷射呢……哈哈！是发光的灯泡罢了"，中间加了"哈哈"与原文"It's a ..."相对应，实现声画对位。

"All right, that's enough!"一句中字幕文本译文为"好了，够了"，而配音文本译为"好了，别烦人了"，其配音译文中音节数量与原文一致，能达到口型耦合的效果。

"T O Y. Toy!"一句中字幕文本译为"T O Y 玩具!"保留了"TOY"的拼写，适当的陌生化为能看懂字幕的中高龄儿童增添新知识，维持儿童兴趣。而配音文本则译为"你 就 是 玩具!"，将英文拼写结合上下文译为中文，保证儿童观众的观影流畅性，避免出现意味不明而无法接受的情况。

【例 2】

原文	字幕文本	配音文本
其实	Actually,	About that,
我是孙悟空	I am Sun Wukong, the Monkey King.	I'm the Monkey King, kid.
当年我取经归来 忽然发现	Back then I saw how useless	Back when I store the whole scriptures from heaven,
取回真经有什么用	those buddhist scriptures are.	I saw how useless they were.
世间这些烦恼	They can not cure	You must know that the world's law,
真经它解不了	the world's pain.	can't end the world's suffer.
可你是孙悟空	But you, the monkey king,	You are the Monkey King,
大闹天宫的齐天大圣	proved your power in the Sky Palace.	the greatest hero that you ever live.
世间有什么烦恼	Where there's suffering,	For the suffering in the world,
你可以一金箍棒打过去	your Gold Cudgel could fight it.	You know exactly what to do.
打过去又怎么样?	So what?	Is that what they told you?

例 2 是《新神榜：哪吒重生》中的片段。蒙面人(孙悟空)一直以六耳猕猴的模样出现，此处为他展示真实身份后与李云祥(哪吒)的对话。结合原文对比字幕文本与配音文本可知，译者为适应配音声画对位，讲究简化文本，对配音译本进行了适当调整。

原文中"我是孙悟空"，字幕文本译为"I am Sun Wukong, the Monkey King"，保留了原文全部信息，由于观众在聆听时如果短时间内听到一个人物的两种称呼，则容易混淆概念产生误解，因此配音译为"I'm the Monkey King, kid."删减了"Sun Wukong"的概念，且上下文保持一致，仅使用"Monkey King"作为人物的称呼。

原文中"你可以一金箍棒打过去"，字幕译为"your Gold Cudgel could fight it"，保留了"金箍棒"的意象，能最大化保留源语文化信息；而配音为保证影片连贯性，也是出于儿童本位的考虑删减了"金箍棒"的概念而模糊译为"You know exactly what to do"。

原文中"打过去又怎么样?"，字幕结合上下文逻辑简洁译为"So what"，而配音译文为实现声画对位、口型耦合，改译为“Is that what they told you”，达到音节对位、上下文承接流畅之效果。

3. 科普视频配音翻译

科普视频配音翻译遵循准确性原则，强调译文信息与原文信息对等。译者在翻译时须以儿童本位为宗旨，考虑儿童接受度，以儿童喜闻乐见的方式传递原文信息，达到科普视频科普知识之目的。

【例 1】

原文	配音译文
All right, let go find some groundhogs.	好的，我们去找土拨鼠吧。
Uh, this decorative tooth feature on my groundhog suit	超能力服上的这个牙齿状东西
grew crazy long.	变得太长了。
I didn't program that.	我可没有这么设置。
Nope, but nature did.	不，这是大自然的力量。
Of course, one of the groundhogs powers	是的，土拨鼠其中一个超能力
is ever growing teeth!	就是牙齿会不断变长。

例 1 是科普动画 *Wild Kratts*(《动物兄弟》)中的片段，此处为动物兄弟们要去找土拨鼠，阿维娃穿上超能力服时发现服装上有很长的牙齿状物体，因此提出疑问，动物兄弟对此进行了解答。影片通过展示超能力服向观众普及土拨鼠牙齿不断变长的特点。原文“Nope, but nature did.”省略了部分信息，原句应为“Nope, but nature programmed it.”，相应直译应为“不，但是大自然设置了这个”。如此来看观众则会一头雾水，不明白大自然会“设置”什么，译者根据上下文中“超能力”的说法，转译为“不，这是大自然的力量”，译文不仅准确传递了信息，而且逻辑通顺，衔接自然。

【例 2】

原文	配音译文
The web starts as a gloppy liquid right here in the spider's body.	蛛网由蜘蛛体内的黏液产生。
Then the liquid gets squeezed out of the spinnerets.	喷丝头再将液体挤出来。
Yeah, all these tiny nozzles make up the spinneret.	没错，喷丝头上有很多喷嘴。

续表

原文	配音译文
Each one shoots out a teeny strand,	每个喷嘴射出细丝,
and together they make a thread of webbing.	细丝连起来组成条蛛丝。
But the magic of the spinneret is	喷丝头的魔力在于
that somehow when the web liquid passes through,	无论何时喷出黏液,
it hardens instantly.	都会立刻变硬。

例 2 是科普动画 *Wild Kratts*(《动物兄弟》)中的片段，此处为阿维娃和柯基分析蜘蛛的特点。原文中"gloppy liquid"和"web liquid"指同一种东西，由于英文不喜重复，且本影片为儿童科普动画片，改换表达形式能帮助儿童维持阅读兴趣，而中文习惯同一件事用统一表述从而避免混淆，因此译者在进行配音翻译时将其都译为"黏液"，贴合译语观众的理解能力与语言习惯。

【例 3】

原文	配音译文
Oops	哎呀
Tim	蒂姆
is that his daddy?	那是他爸爸吗
Yup	是的
he's the king of the forest	他是森林之王
He's making sure spots is okay	他在确认斑斑没事
Aw, and there is his mommy	呀，那是他妈妈
Spots is just like me when I was a baby	斑斑就像我还是宝宝的时候
First, some milk	先喝奶
and then a bath	然后洗澡
and then a latenight	接着就睡觉觉啦

例 3 是儿童科普 *If I Were an Animal*(《如果我是一只动物》)中的片段。此段讲述了小鹿与爸爸妈妈相处的样子，影片配备了男孩女孩对话的画外音。原文中"He's making sure spots is okay"在字幕版中译为"他在保护小斑点，确认他的安全"，这种释译很好地传递了原文的情感与信息，但是囿于配音的声画对位与口型耦合之标准，此处译为"他在确认斑斑没事"，结合上下文能够理解且

不显突兀。而“First, some milk”“and then a bath”“and then a latenight”三句话直译应为“首先，一些牛奶”“然后就是洗澡”“接着是深夜”。考虑到译文观众的语言习惯与理解水平，译者将译文明晰化，以添加动词的方式将描写具象化，分别译为“先喝奶”“然后洗澡”“接着就睡觉觉啦”。

【例 4】

原文	配音译文
Aren't they too old for momma's milk, Tim	蒂姆，它们这么大了应该断奶了吧
not yet	还不能
but they're slowly learning to eat other types of food	不过它们正在慢慢学着吃其他种类的食物
and now it's time for the first swim	这是它们第一次游泳
they don't even have to learn how to swim first	它们不需要先去学习怎样游泳吗
that's amazing	太奇妙了
come along kids, it's time for bed	走吧孩子们，该去睡觉啦

例 4 是儿童科普 *If I Were an Animal*（《如果我是一只动物》）中的片段。此处为对小北极熊行为的讲解。原文中“and now it's time for the first swim”，直译应为“现在是它们第一次游泳的时间”，译者结合画面中北极熊游泳的样子，巧妙利用了影片的综合性，使用代词提高了语言流畅度，译为“这是它们第一次游泳”，在保持译文简洁自然的同时又达到了画面与声音的有机统一。

三、翻译技术——配音软件

人类接收外界信息主要通过视觉和听觉，而影视作品能同时满足这两个感官的需求。在影视作品中，画面能展示事件发生的环境、人物动作、表情神态等，而声音则能补充交代时间与背景，人物身份与内心活动等，画面与声音有机结合共同支撑影视作品。

如今人们愈发追求文化生活品质，影视作品也相应更加专业与精良，也推动了配音行业的进一步发展，专业配音员往往需要接受大量训练才能产出高质量的配音作品。对于配音翻译译者而言，了解译制片生产工序与要求、熟悉配音软件对于其翻译过程也有一定裨益。

1. 译制片生产工序

经过多年的实践，上海电影译制片厂将译制生产工序总结为八个阶段：看原片、初对、复对、排戏、实录、鉴定、补戏、混录。

看原片：完成翻译后导演、演员、译者与技术人员观看原片，透彻理解原片剧情、背景、角色等。

初对：根据原声与动画校对配音译文与人物口型的适配度，修改不适合的译文。

复对：关闭原声，根据画面进行译文配音，找准语言节奏，磨合译文与画面适配度。

排戏：配音演员重复排练配音段落，保证实录的顺利进行。

实录：导演、配音演员、音效师合作共同录制译文配音。

鉴定：鉴定配音作品是否符合原片声音质量、口型、音色、情绪等要求，未达标需补录。

补戏：对不合格的片段进行补录。

混录：将原文所包含的声效剪辑至译制片中，结合译配作品完成译制片制作。

2. 主要配音软件与操作

除译介文本内容外，去除原声进行译入语配音是配音翻译完成的象征。本节使用音频处理软件 Adobe Audition 及视频处理软件剪映进行配音操作讲解。

这是一段待配音的视频，导入 AU 后可看到界面没有显示波形图，即视频内没有声音(图 7-6)。

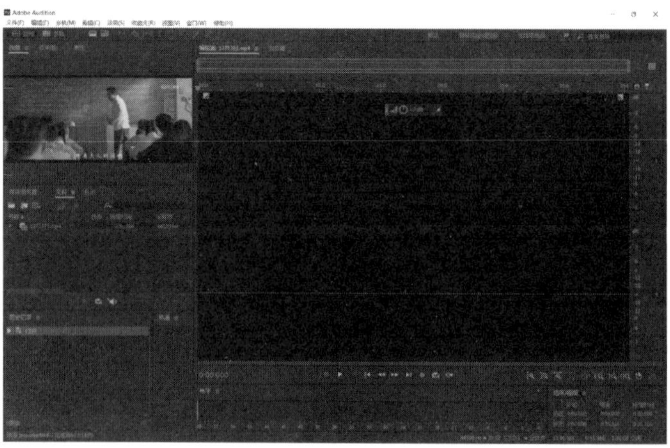

图 7-6　无波形图显示示例

点击左上方“编辑”，点击最下方“首选项”；点击“音频硬件”(图 7-7)。

图 7-7 编辑菜单

出现此界面(图 7-8)，选择适合的“默认输出”及“默认输入”设备。

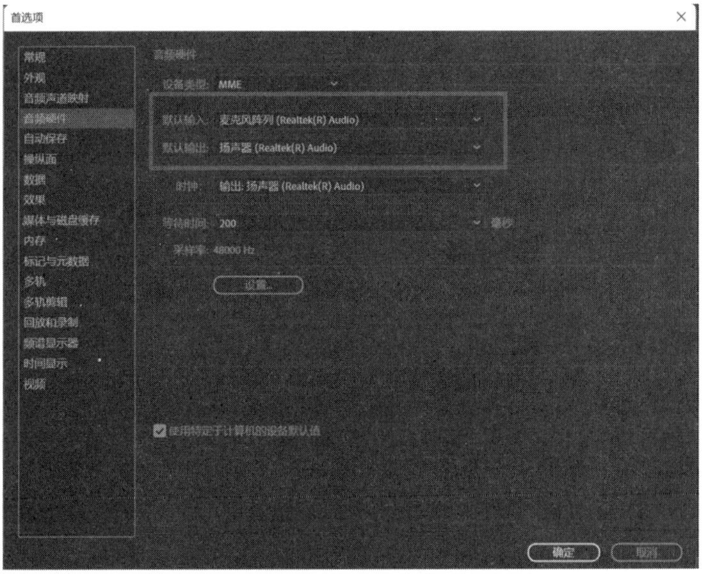

图 7-8 默认输出输入设备界面

点击操作界面的小红点(图 7-9)。

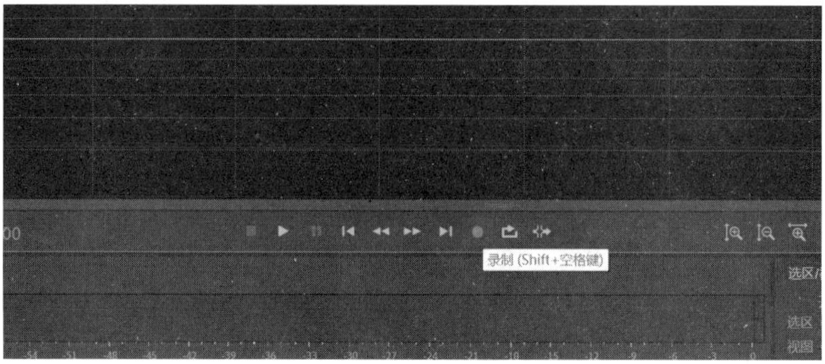

图 7-9　配音启动按键

根据视频进行配音，操作界面出现波形图(图 7-10)。

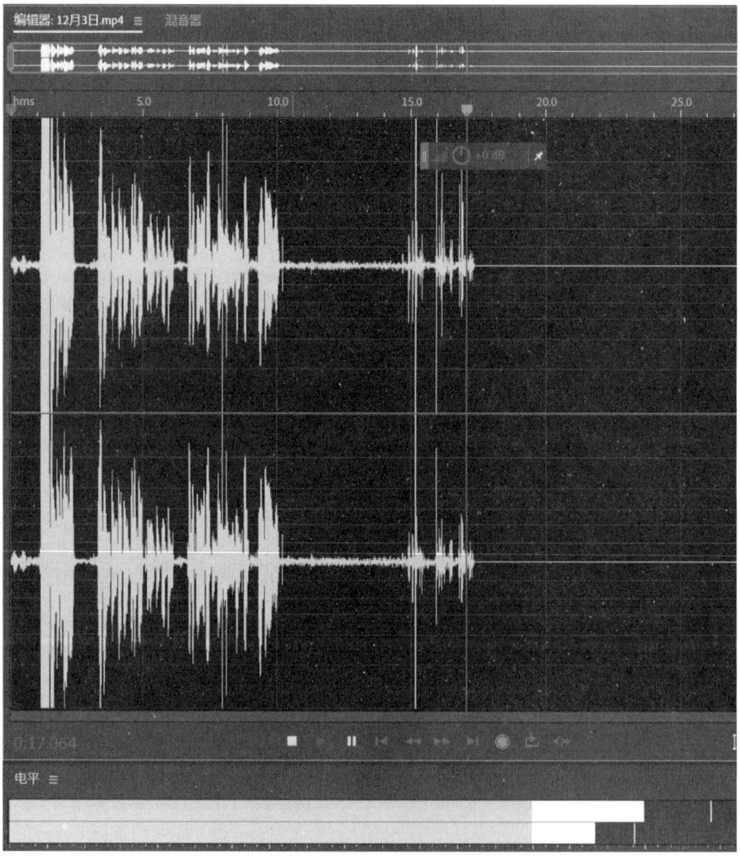

图 7-10　配音操作界面波形图示例

完成配音后对声音进行降噪，如图 7-11，点击波形图右下角的小三角。

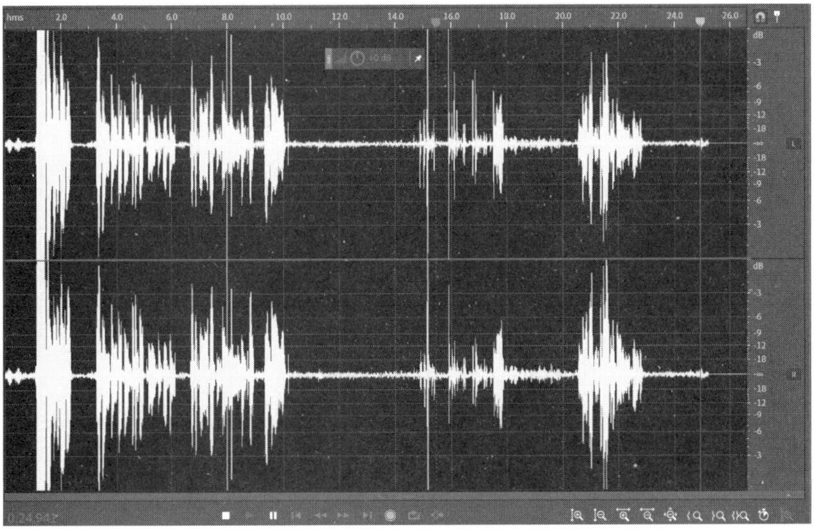

图 7-11 配音降噪操作步骤示意图 1

如图 7-12，泛紫色区为噪声。

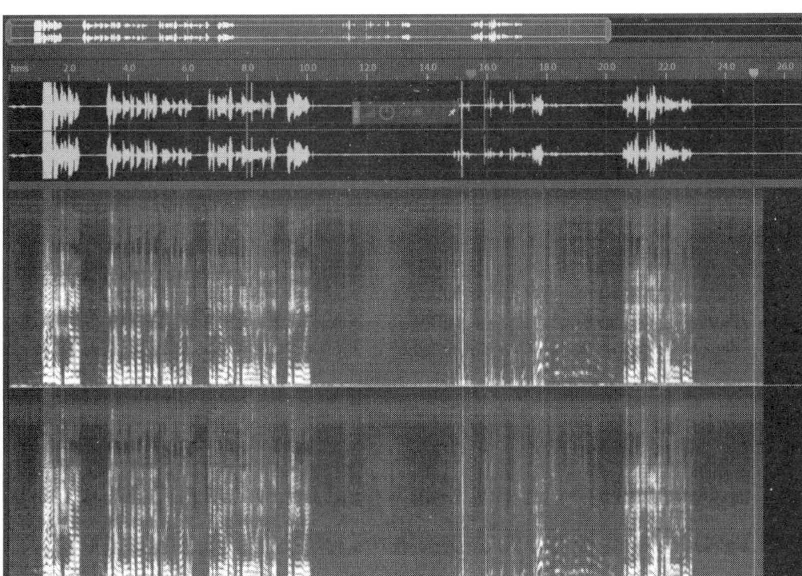

图 7-12 噪音波形图

点击“Ctrl A”全选声音样本(图 7-13)。

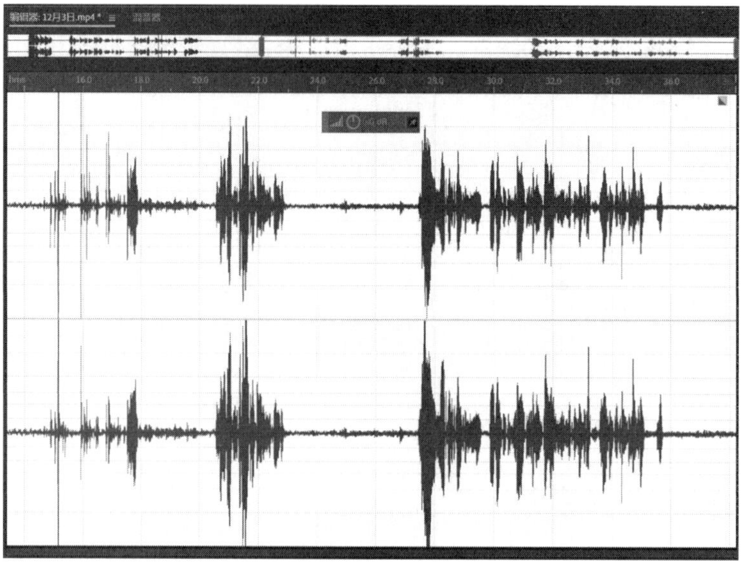

图 7-13　配音降噪操作步骤示意图 2

点击“效果”-“降噪/恢复”(图 7-14)。

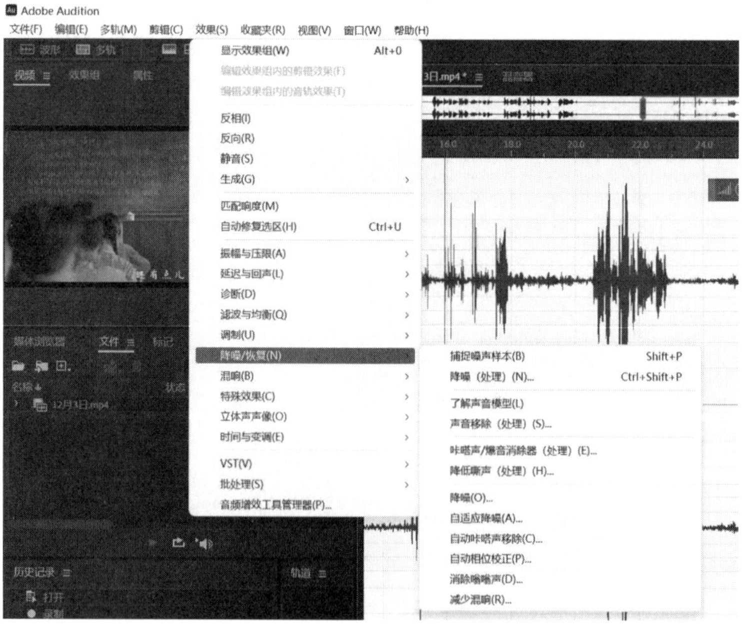

图 7-14　配音降噪操作步骤示意图 3

点击“降噪(处理)”(图 7-15)。

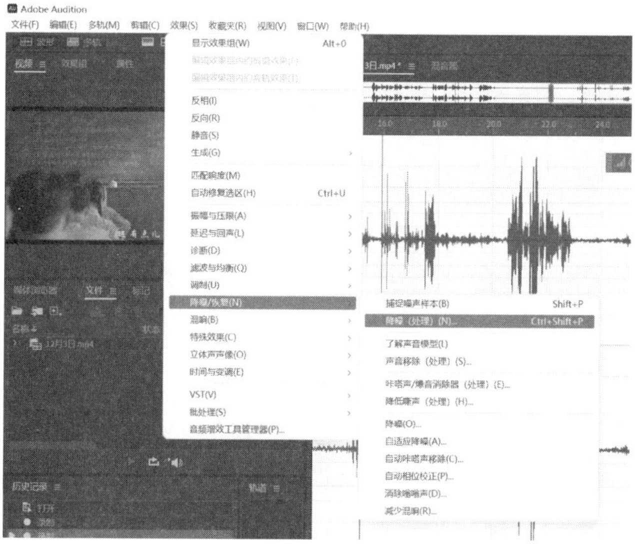

图 7-15 配音降噪操作步骤示意图 4

出现以下界面，点击应用(图 7-16)。

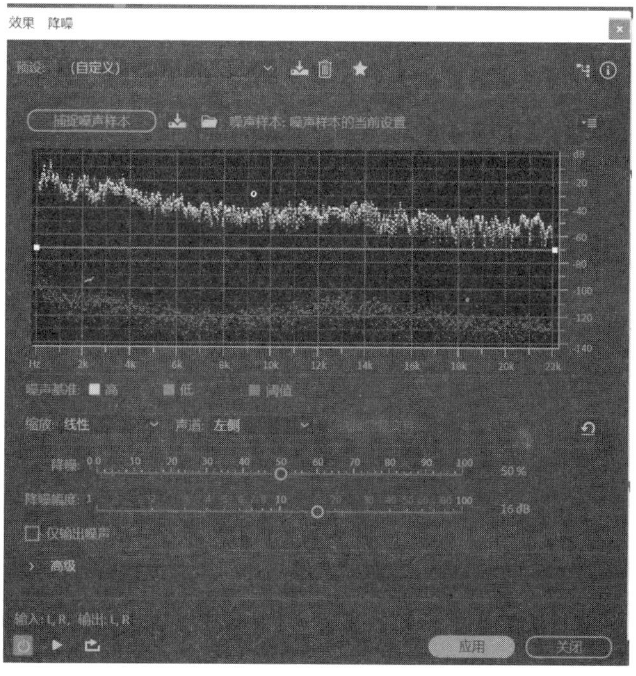

图 7-16 配音降噪操作步骤示意图 5

降噪后文本如图 7-17，波形图中噪声大大降低。

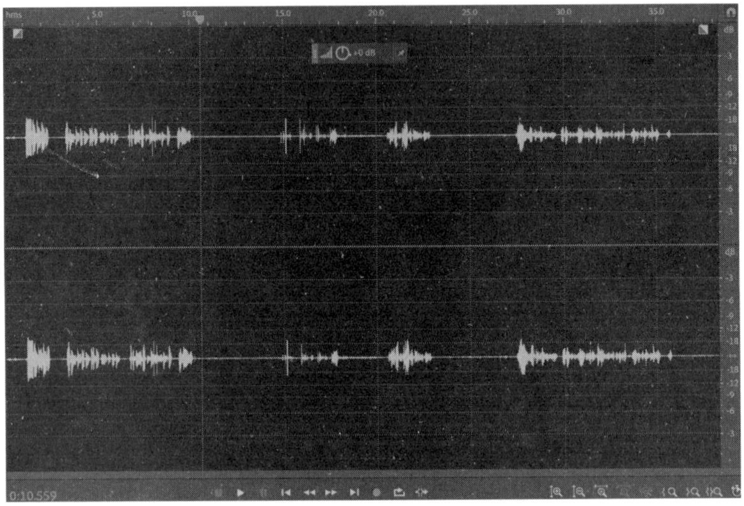

图 7-17　配音降噪后示意图

为增强人声，可点击左上角“效果”-“振幅与压限”-“增幅”(图 7-18)。

图 7-18　配音增强人声操作步骤示意图 1

选择增加 4 dB 增幅（图 7-19）。

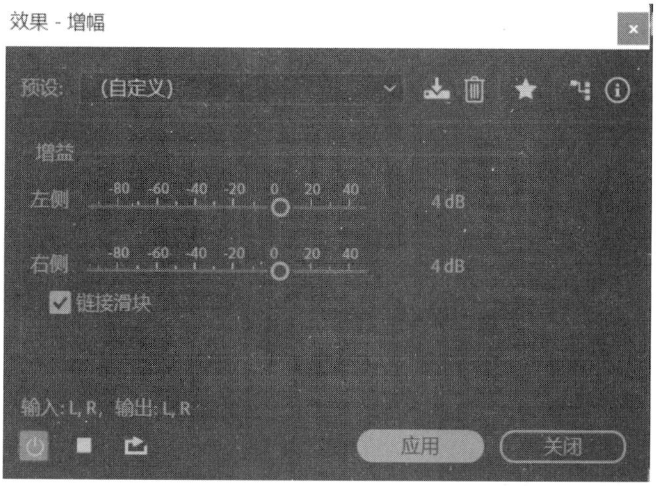

图 7-19　配音增强人声操作步骤示意图 2

如图 7-20 所示，增幅的区间可参考此处，增幅后波形图最高尽量不超过 -3 dB，否则人声会不自然。也可根据自己需要自行调整。

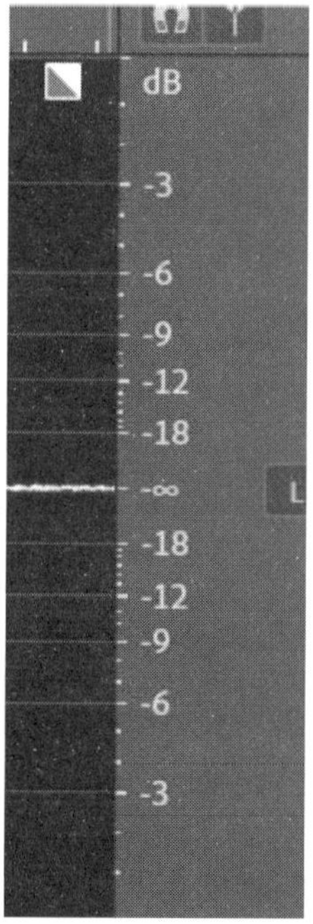

图 7-20　配音增强人声操作步骤示意图 3

录制声音过大时可点击左上角“效果”-“振幅与压限”-“电子管建模压缩器”(图 7-21)。

图 7-21　配音录制效果调整示意图 1

出现该界面，点击“应用”即可(图 7-22)。

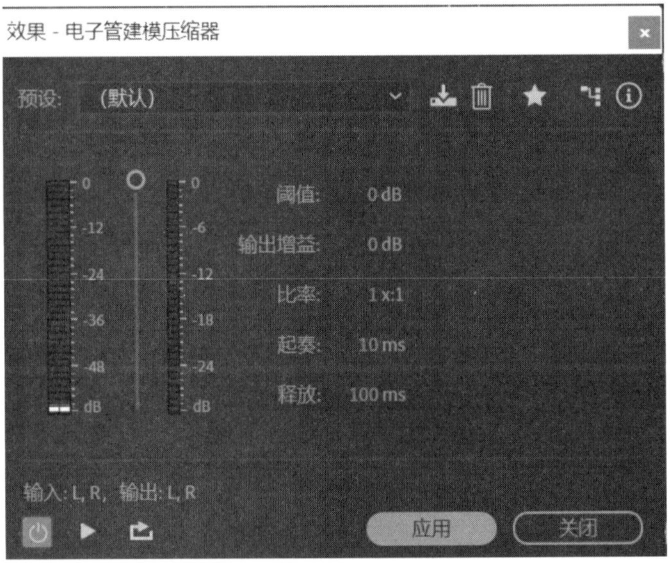

图 7-22　配音录制效果调整示意图 2

调整好录音效果后，点击左上方文件，点击导出“文件”(图 7-23)。

图 7-23　配音文件导出示意图

导出文件选定为“MP3 音频”，输入文件名，选择导出位置(图 7-24)。

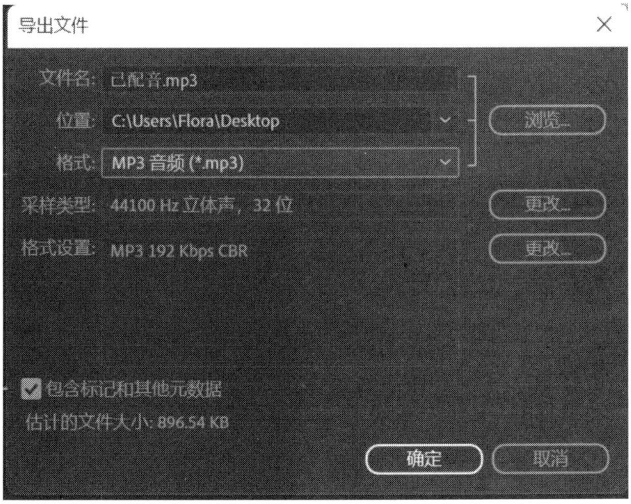

图 7-24　配音文件保存示意图

得到 MP3 文件(图 7-25)。

图 7-25　配音文件最终格式示例

打开剪映，选择左上角导入视频与音频(图 7-26)。

图 7-26　视频音频导入示意图 1

点击添加素材右下角加号，将素材添加至轨道（图 7-27）。

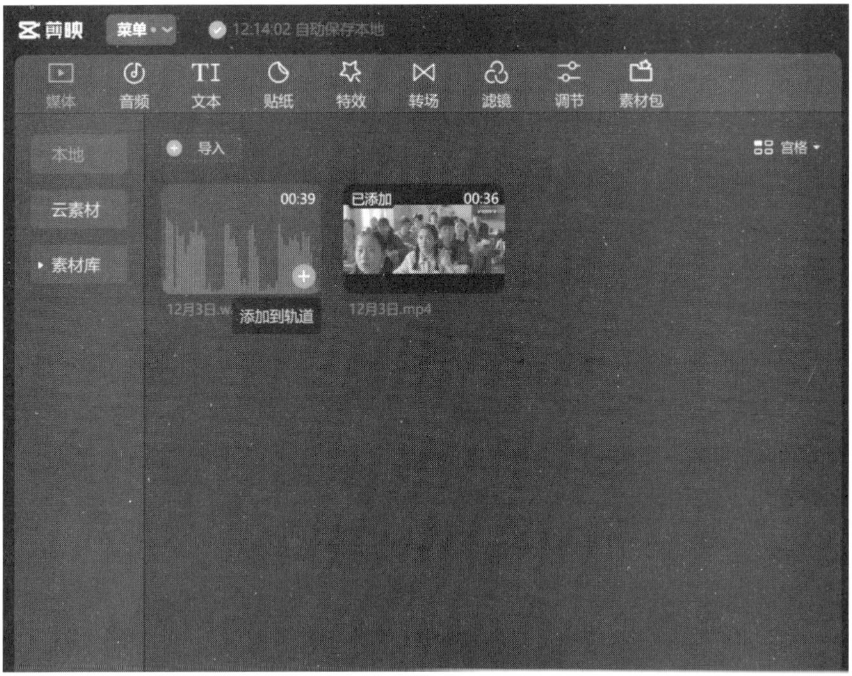

图 7-27　视频音频导入示意图 2

在轨道内将音视频对齐（图 7-28）。

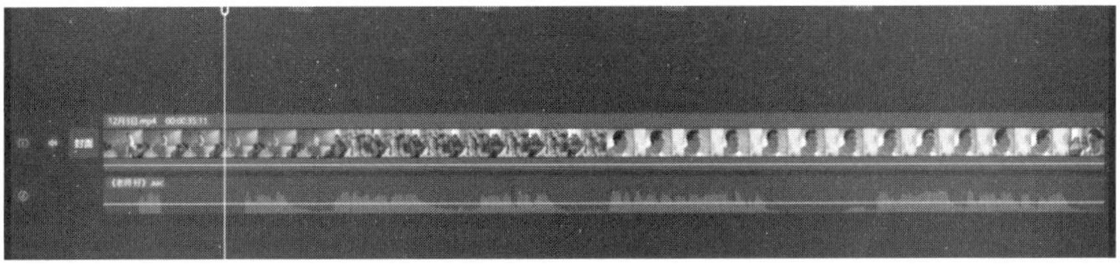

图 7-28　视频音频对齐示意图

完成后导出已配音的视频(图 7-29)。

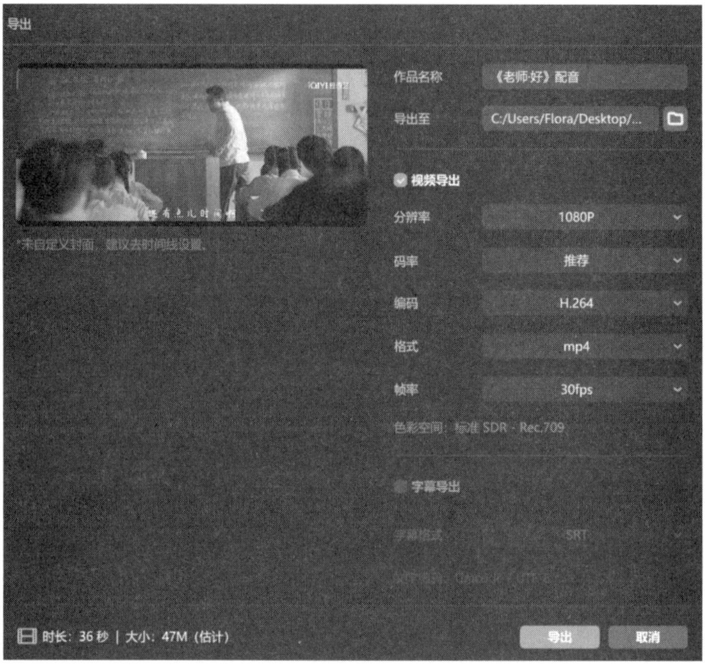

图 7-29　配音视频导出示意图

得到 MP4 配音文件(图 7-30)。

图 7-30　配音文件最终形态示例

参考文献

[1] 皮亚杰著，付统先译，《教育科学与儿童心理学》[M]. 文化教育出版社，1981.
[2] 钱绍昌. 影视翻译——翻译园地中愈来愈重要的领域[J]. 中国翻译，2000(1)：5.
[3] 田园曲. 电影电视配音艺术[M]. 清华大学出版社，2012.
[4] 郑建宁. 配音翻译在影视剧跨域传播中之必需性探析[J]. 天津中德应用技术大学学报，2019，(02)：102-107.

第八章

儿童科普漫画特点及翻译

科学技术发展日新月异，这对科普工作提出了更高的要求。为了让更多的公众了解和掌握科学知识，科普图书应运而生。在多重感官的配合下，图像的“认知门槛”被降低，无论何种年纪、何种语言、何种文化水平的人都可以参与到图像的阅读和理解活动中来（刘晓荷、董小玉，2019）。科普图书以其直观、丰富的表现形式和通俗易懂的语言，实现了科学知识的有效传播，而科普漫画作为科普图书的一种形式，以形象生动、趣味性强的特点吸引了大量儿童及青少年读者。科普漫画是漫画向科普题材派生的品种，也是科普利用漫画手段的传播创新（缪印堂，2016）。漫画具有天然的幽默、情境化与视觉化等特质，是科普的最佳载体之一（Chen & Hsu，2006）。漫画的幽默特点能调动学习者的积极情绪，激发他们学习的动力与创造性思维（Fiedler，1988）。漫画这种体裁为科学知识提供了问题提出和解释的语境，帮助读者学习更复杂的科学概念（Newton，2022）。漫画将图像与文字结合在一起共同叙事进行知识建构，图文关系相较于一般的绘本而言更加紧密。图片产生的视觉表征效果融合语泡等文字注释，起到加强读者理解的作用。

除了科普漫画图书，数字漫画也随着新媒体崭露头角。数字漫画“不使用传统的纸笔作为工具，取而代之的是使用数字笔在数字平台中使用软件制作和生成，模拟出和传统数字漫画一样的视觉效果”，是“对传统漫画的继承和颠覆”（罗曦，2013）。目前数字漫画多在 APP、微信公众号、网页等平台传播，“融合文字、图像、动图、音频、视频、交互、互动等多种体验元素，从无声与静态的纯视觉形态跨入影音与互动的多元领域，重新定义漫画阅读方式的潮流方向”（韩文利，2016）。传统和新生的漫画模式都十分受欢迎，因此漫画翻译成为科普译介传播的重要阵地。

一、儿童网络科普漫画特点

狭义上，科普漫画仅指哪些具有科学知识内容的漫画；广义上，科普漫画包括了表现人们爱科学、讲科学、用科学的、宣传科技政策的、歌颂科技成就的，讽刺违反科学观念的、揭露封建迷信的内容(缪印堂，2016)。随着新媒体的发展与数字化技术普及，漫画传播形式主要由二十世纪流行的纸质漫画延伸至二十一世纪兴盛的电子漫画。

纸是漫画行业的传统信息传播载体，常见纸质媒介包括图书、报纸、杂志等。纸质漫画概指以印刷技术为支撑，纸本为载体呈现的漫画形式。过去几十年来，漫画皆以纸张印刷形式进行传播，然而出版物需要经过绘制、审校、印刷等多项出版流程，囿于其形式，科普漫画的传播效率并不高。

为了提高传播效率，数字漫画随着数字媒体应运而生。目前中国漫画主要是网络漫画，保守估计占市场份额的80%以上，甚至更高(权迎升，2023)。数字漫画是指以数字媒体技术为支撑，以电子设备显示屏作为载体呈现的漫画形式。读者通过操作手机、平板等电子设备阅读漫画，漫画通过网页形式传播，传播速度与容量能不断提升，用户的讯息接受效率也逐步增加。

1. 纸媒与数媒漫画特点对比

纸质媒介与数字媒介作为当下漫画传播的两大主要媒介，各自有其优点与特质。纸质漫画能让读者可以感受到纸张的质感和漫画书的物理存在感，实体的触感和翻页模式能让读者沉浸阅读之中。除了具备反复观赏的阅读价值与艺术收藏价值外，考虑到年纪尚小的儿童不适宜长时间观看电子屏幕，纸质漫画因此成为最合适的阅读媒介。在数字媒体发达的今天，电子屏幕成为阅读的窗口，漫画文稿通过网页无限传播，无需纸张印刷与物流运输，具有环保便捷的特点。数字漫画因其阅读的便利性与传播的广泛性成为多数观众的首选阅读材料。

以漫画杂志及单行本为代表的纸媒漫画，其页面尺寸一般在 B5-A4 之间，根据漫画的开本不同，单页内容量从四五格到十余格不等(丁理华，2018)。纸媒漫画以页为单位，读者通过翻页进行阅读，其最主要的形式即为“页漫”。囿于纸张大小与印刷“出血线”限制，纸媒漫画的画布尺寸、构图方式等形成较为稳定的模式规范。纸媒漫画通常采用并列分格的排版形式，每一格为一个分镜，图文结合。常规的纸质漫画页数以常规页漫的页数以八的倍数为基准，每页显示五至八分格，阅读动线呈现“Z”字或“S”字形状(柴芸，2021)。创作者会利用纸质漫画翻页阅读的特点，在页的结尾留下悬念，以此吸引读者继续翻阅。如图 8-1 中采用了 2/3 格分镜头并列的模式，每一格都有明显的黑框线作镜头区分的界限，采用语泡的形式展现漫画人物之间的对话。叙事逻辑顺序为“Z”字型，每看一页要翻页才能接上前面的故事。

图 8-1　纸质漫画示例

在数字环境中，漫画创作者脱离的纸张的限制，可以自由设定画幅、形状及图像排列方式，形成故事连接视觉强化效果(麦克劳德，2010)。数字媒体技术支持下，漫画窗格呈现出新的组合可能性，于是诞生了符合屏幕滚动式阅读的条形漫画，简称条漫。从广义上，条漫是指为匹配移动屏幕化阅读而产生的长条状漫画形式，其内容形式服务于屏幕载体，是屏幕化漫画中最具典型的图式。从狭义上，条漫不具有“页”的概念，不受纸本规格限制，根据手机大小与屏幕阅读习惯分为纵向和横向两种排列顺序，只需将画格在长条状结构中连续性排列即可，当下条漫纵向构图布局大致分为四种类型：四格漫画延长、四格漫画强化、去框化、画面大面积留白。横向构图布局以长卷式构图为主要表现，通过手指或鼠标进行滑动式、滚动式阅读，阅读动线常规呈现为“I”字或“S”字形状(柴芸，2021)。如图 8-2 就是较为典型的条漫，漫画中哪吒和李靖站在满是积水的地面上，李靖看到了旁边高地上的陈塘关便利店，便带着哪吒躲到了高地上。通过哪吒和李靖的对话引出城市内涝的话题，告诫儿童发生内涝时要尽量贴近建筑物、待在地势高的地方等。整个条漫就是一个完整的叙事，漫画短效精悍，便于阅读。

图 8-2　科普条漫
《城市内涝的防范与应对》①

综上，页漫与条漫作为不同的漫画形式，其特点与使用场景各不相同。页漫主要用于连载长篇故事，其情节与画面更为丰富细腻，通过设计连续的画面分镜来发展故事线，让角色性格情感更为饱满。相比手机和平板屏幕，书本展示的画面空间更为宽敞，读者阅读体验更好，日益提高的书本印刷技术也能展现漫画家的细致笔触，让读者更加感受到漫画叙事的魅力。条漫则以短篇叙事为主，其特点在于表现力强，能在有限的空间内迅速抓住读者的眼球。当代生产效率增高，速度是当代人的执着追求。条漫的出现正响应了现代人的快节奏，适合用于宣传某一观点、快速传播某一讯息，现代人利用碎片化时间查看，因此非常适合在电子设备上传播。但是上述并非是绝对情况，页漫的形式也可能出现在电子屏幕中，条漫亦可能因其短小精悍的特点印刷成宣传单。

① https://mp.weixin.qq.com/s/u48bckqFc79lP_80mt7-sA

2. 儿童科普漫画特点

已有实证研究表明科普漫画对青少年学习科学产生了积极影响，因为漫画是非正式体裁而具有天然的趣味性，他们阅读漫画的过程更为专注投入(Spiegel, et al., 2013)。且对于大多数中等水平学习者漫画相较于纯文本科学知识有独特的优势(Lin & Lin, 2013)。于一般的学习者而言，漫画为他们降低了理解科学概念的难度，因此他们具有更强的科学学习意愿。漫画的特殊叙事属性为他们提供了可视化的内容情景，为其建构知识基础与认知框架。对儿童而言，他们的注意力几种能力较差，抽象科学概念理解能力较低，已有科学知识储备较少，漫画的情景设置与幽默表达能吸引他们进行科学学习，漫画的图文互动模式能帮助他们理解记忆，提供科学知识的摄入程度，增强其对科学的兴趣。对于儿童读者来说，漫画通过呈现口语表达，帮助他们理解词句，学习事件产生的背景、不同话语所处的语境等重要语言知识(Schwarz, 2007; Williams, 2008)。尽管语言能力对于儿童来说十分重要，但是科普漫画显然有更为重要的传播目的——科学知识学习。儿童注意力维持时间较短，需要不断的乐趣元素去刺激其兴奋点，维持其兴趣阈值，提高科学知识传播的有效率。因此科普漫画需要达到娱乐与教育的双重目的，也就是兼具娱乐性与教育性。

图 8-3　科普条漫《高空坠物的防范与应对》[1]

2.1　娱乐性

为了增强其娱乐性，运用动漫形象 IP 是儿童网络科普漫画的常见手段，但是这要分情况讨论。在条漫科普中，作者通常会选择儿童较为熟悉或当季知名度较高的动漫形象，通过角色之间的对话自然地引出后文的科普内容。如图 8-3 所示，

① https://mp.weixin.qq.com/s/u48bckqFc79lP_80mt7-sA

漫画主人公运用了儿童耳熟能详的动画片《大耳朵图图》里的小主人公图图和亲切的牛爷爷两个 IP 形象，绘制图图看到楼上的花盆即将掉落，牛爷爷带着图图贴着墙壁走到大门口，紧接着花盆"啪"的一声掉落在牛爷爷和图图刚才站着的地方。漫画将场景设置在原动漫中图图家的大楼下，使二创尽量贴合原作，借此告诫儿童高空坠物的危险性，以及如何躲避高空坠物。有利于在最短的时间内让小读者产生熟悉感，拉近文本与读者之间的距离，吸引读者进行科普阅读，达到科普的目的。

条漫篇幅短小，叙事简单，通常带有极强的科普目标，1 篇条漫可能主要涉及 1 个科学知识点，但是页漫不同，由于其可连载的叙事形式，页漫没有篇幅限制，使用的 IP 需要在特定场景中完成至少 1 个完整的故事情节。已有的动漫形象 IP 都各有其故事背景，如葫芦娃是与蛇精斗智斗勇的七兄弟，熊大熊二是与光头强亦敌亦友的两只狗熊，他们都有原始的故事生发背景与轨迹。如果在页漫中贸然采用动漫 IP 进行完整故事情节编写，很可能涉及抄袭的问题，且观众喜爱效果程度也会不佳。因此在页漫中，创作者常根据自己的故事情节需要创作出新的动漫 IP，保证了漫画的原创性。如图 8-4 中的页漫新创了鼻头插了骨头的小野人、熊猫"黑眼圈"和女孩 TT 三个主人公作为探险者，带领小读者们挖掘不同的科普知识。

学习者对科学的兴趣和享受是影响其学习科学知识的主导因素（Lin，Lin &Wu，2013）在儿童科普漫画中，夸张的修辞手法也常用于增加漫画的幽默元素，进而实现娱乐儿童读者的效果。幽默可以增强读者的积极情绪和内在动机，促进其对科学的兴趣和学习（Chen & Hsu，2006；Roesky & Kennepohl，2008）。一般而言，幽默感主要由四个部分组成：笑话事物的能力（being able to laugh at oneself）、感知幽默的能力（the ability to perceive humor）、解读幽默的能力（the ability to interpret humor）和创造幽默的能力（the ability to create humor）。（Ruch，2012）在儿童科普漫画中，创作者会有意识增加一些看似"没必要"的语句和情景，以夸张的手笔传递讯息，让文本有笑点、能让读者开怀一笑。如图 8-5 中是关于人体内部器官构造的科普漫画，设定为小男孩智伍和专家脑博士缩小后进入了人体，带领读者探索人体内部的奥秘。在体内，智伍和脑博士遇到了许多特殊情况，图中即他们担心自己称作的小飞船会被胃部分泌的胃酸侵蚀而着急的样子。漫画不仅设计了夸张的剧情，配合夸张的字体和人物表情，展现出幽默感，让文本的趣味性更多，可读性更强。

图 8-4　科普页漫《科学超有趣》①

图 8-5　科普页漫《人体历险记》

① https://mp.weixin.qq.com/s/MHUlLWUpc3j8iYrsudp1aQ

2.2　教育性

科普漫画是以传播科学或教育读者非虚构的科学概念/主题为主要目的之一的漫画，也就是说，科普漫画会使用虚构的笔法与叙事传递非虚构的科学知识(Tatalovic，2009)。因此科普漫画中所传递的科学知识与讯息应该真实准确，尤其是对儿童科学认知起到启蒙作用的科普读物，“伪科普”不容出现。科学漫画中使用叙事既可以吸引学生，又可以增加他们“学习更复杂材料的愿望，特别是如果他们不认为自己对科学感兴趣的话”(Tribull，2017)。相较于其他类别的漫画，科普漫画故事情节设置更为简单、人物性格刻画不太细腻，最主要的特质在于漫画传递的科学信息必须准确易懂(Farinella，2018)。如何使用简单易懂的语言传递准确无误的科学知识，这是科普漫画实现其教育性的关键之处。

图 8-6 是某公众号发布的游泳安全知识相关的条漫。图中展示了遇到溺水者可以“大声呼救”“拨打 110/120 报警”“伸竹竿救人”“抛救生圈救人”(因页面限制未予展示)四大步骤。该则漫画旨在让读者迅速理解并记住相关救生知识，以防不时之需。然而抽象的概念转化成行动需要大脑的繁琐加工，因此创作者利用图像生动形象的特点将每一个动作展现出来，同时将四大救生步骤简称为“叫叫伸抛法”，这种缩略词结合图像的文本叙事能让读者最大化储存为可用的记忆，并在关键时刻联想法调动图像，实现科普知识的有效传播。

图 8-6　科普条漫
《溺水应该怎么办》[1]

① https://mp.weixin.qq.com/s/qW2QdUmUglLf9kQmamI5aA

二、儿童科普漫画翻译

漫画翻译，即将漫画中的文本从一种语言翻译成另一种语言，文字文本与图像文本关系紧密交织(Zanettin，2008)。当漫画经译介至新的语境，为了满足目标语读者的特定需求和文化背景，漫画翻译中的改编与创作应运而生。尽管科学知识全球通用，但是漫画文本中多用的俚语表达与涉及的文化规范使科普漫画翻译工作充满挑战和复杂性。科普漫画的文本主要由三大类组成：对话语泡、解释性文字与描述性文字。漫画涉及到的科学知识对译者的专业水准提出挑战，译者需求真务实，对科学名词进行查证，确保读者的理解。此外，科普漫画中使用的语言风格对译者重构译文文本作出限制，漫画中可能存在具有文化特征的口语表达，译者需要借助强大的语言能力，创造出与原文风格尽量贴近、译文口语表达尽量地道的文本。除了语言风格和口语表达外，漫画中常见的拟声词(如用文本表示的动作/声音)在不同语言文化中表述皆不相同。一般而言，翻译时译入语文化若缺乏相匹配的拟声词汇，译者可以采用借用法保留拟声词的原始形式进行译介(Yusof B & Basuni H，2023)。由此来看，儿童科普漫画翻译需要译者考虑到文本语境、双重文化、多重模态的相互作用，才能产出优质的译文。

漫画翻译划分为四种类型：只翻译文字不改动图画、翻译文字并且改动部分图画、翻译文字完全改动图画、不翻译文字且改动图画(Altenberg & Owen，2015)。因此要想译好科普漫画，译者首先应该明白漫画的构成与要素包括语言(linguistic)、字体设计(typographic)和图画(pictorial)三个方面(Kaindl，1999)。因此进行漫画翻译时，译者不仅仅需要注意语言翻译是否得当，还应考虑翻译过后的图画意义是否完整传达、图文排版是否恰当、译入语读者的阅读顺序是否一致等一系列问题(杨纯芝、覃俐俐，2018)。漫画翻译要求译者同时具有跨语言和跨文化的专长，并且具备跨媒介的知识(汤仲雯，2021)。而儿童科普漫画翻译更是要求译者能准确传递科学知识、尽量还原趣味性的话语、保留原文信息内涵，并对不合时宜的内容进行创造性改编。

1. 科学知识准确传递

儿童科普漫画中，科学性仍然是第一性，科普漫画翻译确保科学知识准确传递，因此译者在必要时需要对科普知识进行确认，对需要科普的专业名词不能采用俗称、惯称，而应该采用专用名称，否则可能会削弱科普的效果。

【例 1】

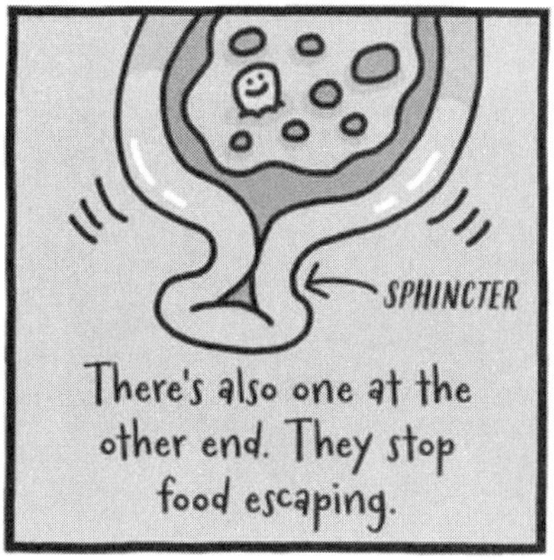

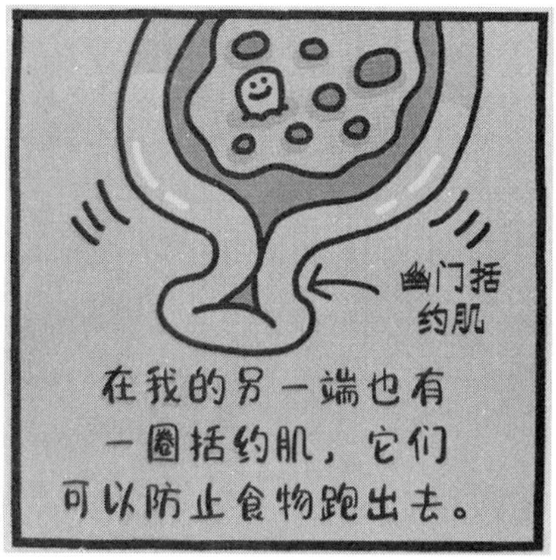

图 8-7 幽门括约肌示意图

儿童科普漫画，顾名思义，是为儿童普及科学原理和科学技术的漫画读物，它主要是通过图像和文字相结合的方式进行信息内容的表现，因此译者要正确译出科学知识。

例 1 原文(如图 8-7)中，“sphincter”是医学术语括约肌，英文释义为“a muscle that surrounds an opening in your body, and can become tight in order to close the opening”。译者若不确定是哪种括约肌，在翻译过程中可查阅资料进行确认。利用搜索引擎查阅资料可知，括约肌有以下四类：

(1)在胃出口处的幽门括约肌，它能限制每次胃蠕动排出的食物量，并防止十二指肠内容物逆流入胃内。

(2)回肠末端与盲肠交界处的回盲括约肌，能防止回肠内容物向盲肠排放；防止回肠内容物过快地进入大肠，延长食糜在小肠内的停留时间，利于小肠内容物的完全消化和吸收，并阻止大肠内容物向回肠倒流。

(3)尿道与膀胱交界处有尿道内括约肌，收缩时能关闭尿道内口，防止尿漏出。尿道的膜部(尿生殖隔)有尿道括约肌，由横纹肌构成，受意识控制。

(4)肛管处，有强大的肌环称为肛直肠环，由肛门内括约肌，肛门外括约肌浅、深部，肛提肌，直肠纵肌组成。此环对肛管起着极其重要的括约作用，损伤将导致大便失禁。肛门内括约肌无括约肌功能，仅有协助排便的作用。肛门外括约肌由横纹肌构成，受意识支配，排便时松弛。

从功能上看，例 1 中的括约肌是幽门括约肌。由此可知，译者须准确传达儿童科普漫画中的知识。

【例 2】

图 8-8　科普条漫《化学问题》

例 2 选自国外数字漫画网站上与科普相关的条漫，本漫画主要科普基础的化学反应知识(图 8-8)。漫画中男主角问到“钠和水会发生什么反应”，女主角回答简短的“Light produce.”Light 既有名词“光”的含义，也有形容词“明亮的”

"轻便的"之含义。按照字面意思，原文可能有"轻便的制作""明亮的制作""光产生"等多重意思。根据查证可知，钠与水的反应是一种放热反应，会放出热量，当钠与水反应时，就会放出氢气，而由于反应过程中放出的热量，氢开始燃烧，因此氢的燃烧就会产生光。因此本漫画此处语泡结合上下文应译为"会产生光"，保证了科学知识的准确性。

2. 语言趣味尽量还原

在创作时，儿童科普漫画会使用趣味性的语言激发儿童读者的兴趣，吸引其注意力。作为译者，如何维持这种趣味性、如何让译本与原本一样幽默有趣，是译者的任务也是目标。对于原文富有趣味性的语言，译者也要能从儿童的角度出发，采用口语化的语言，适当插入俚语，选择更为夸张风趣的语言来保留这样的趣味性。

【例 1】

原文：

图 8-9　肺功能示意图(原文)

译文：

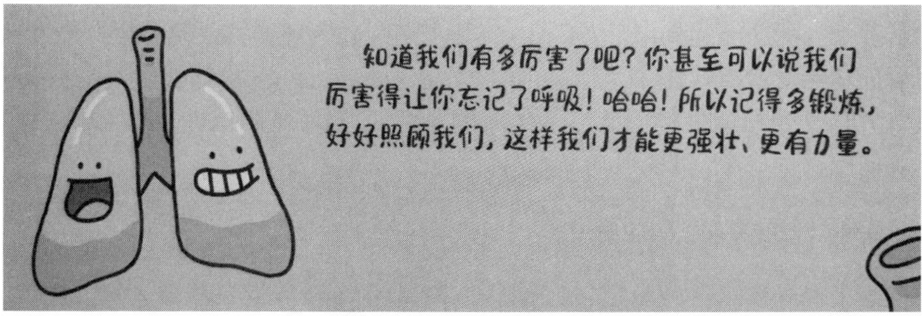

图 8-10　肺功能示意图(译文)

儿童科普漫画的趣味性取决于创作者的抽象和形象思维能力。而儿童科普漫画的翻译，需要译者尽量还原源语漫画的语言趣味性，而在科普漫画翻译的过程中，考虑到科学知识对于儿童来说过于深奥，因此在进行科普漫画翻译的过程中应尽可能地采用通俗化、浅显化的表达方式，将科学知识内容转化为儿童能够理解的语言。

例 1 中主要是对肺部功能的总结(图 8-9)，以此教育儿童勤加锻炼，保护肺部。拟人是指赋予动物或是无生命的物体以人类的情感和生命力，形成具有人格化的角色，是儿童漫画创作中应用广泛的一种手法，尤其是在儿童科普漫画创作中尤为常见。源语漫画通过拟人，采用第一人称的方式，生动形象地刻画了一对有趣的肺。所以译者在翻译时也保留源语的趣味性，增加了感叹符号(图 8-10)，这样可以有效调动儿童的积极性和好奇心，在科普科学知识的过程中，为其带来沉浸式体验和潜移默化的影响。

【例 2】

图 8-11　大脑功能示意图

例 2 是有关大脑的科普漫画，主要介绍大脑在睡觉时也会继续运作，为儿童科普大脑的功能和作用(图 8-11)。其中漫画的表现形式采用了拟人化大脑，译者同样保留了趣味性，把大脑主人睡觉时的“zzz”译成拟声词“呼噜噜！”而不是“睡觉”。这样就打破了科普内容的沉闷枯燥，增添了趣味性，活灵活现地对大脑的作用进行了科普。

3. 保留原文信息内涵

为了提升趣味性，儿童科普漫画中可能会用到修辞或口语性表达。译者须充分发挥其主体性，尽量保持原文的信息内涵，使译入语儿童获得与源语儿童同等的信息量。

【例 1】译文：

图 8-12　肝功能示意图

例 1 中虽然“肝我”这个双关没有翻译出来，但是译者保留了原文逻辑内涵，并增加了韵脚 x-t me；弥补了修辞缺失的趣味性；且保证了原文的信息传递(图 8-12)。这也是译者站在儿童的视角上的译介过程，是译者主体性的体现。

【例 2】

图 8-13　肾功能示意图

儿童科普漫画的语言浅显易懂，偏口语化，笔调幽默，想象力丰富。因此，译者在汉译过程中，应以儿童为本位，遵从目的论的忠实原则，译文的内容仍要保留其漫画的生动幽默、想象力丰富等文学上的特点，即保留原文信息逻辑，要生动活泼，充满童真童趣。在例 2 中显然两句“you've gotta go”的意思不同，翻译时须把其具体含义体现出来，让儿童结合漫画，学到知识(图 8-13)。

4. 适当改编适宜儿童

由于文化背景与教育政策等外部因素的不同，科普漫画创作中可能会包含让译入语读者感觉到不舒适、不理解、不喜欢的内容。遇到这种情况，译者应该对其进行合理的修改，使文本更加适合儿童阅读。

【示例】

图 8-14 “疣”的疾病科普漫画

当涉及敏感的儿童科普漫画内容时，如生理知识、疾病等，译者需要考虑儿童心理接受程度，适当改译成适合儿童阅读的语言。该例为儿童科普一种关于“疣”的疾病，源语虽幽默诙谐，但是考虑到译入语读者的文化背景，读者并不会喜欢这样的表达，甚至可能会感觉到冒犯(图 8-14)。因此译者不必直译为“你也许看完我后，也会长出我，懂了吗？哈哈哈！”而是改译为“你也许从来没有见过我，现在让我好好地介绍一下自己。”这样更为亲和，同时吸引儿童继续阅读，达到科普的目的。

三、翻译技术——全自动漫画翻译

随着全球化的发展，来自不同国家和文化背景的漫画作品越来越受到国际读者的欢迎。数字技术迅猛的发展势头使网络漫画作品传播更为便利，快速高效的漫画翻译需求由此催生，因此业界开始研究是否能像机器翻译那样将漫画文本进行自动翻译。随着计算机视觉识别和机器翻译技术的进步，近年来基于神经网络的机器学习模型在语言处理和图像识别方面取得显著进展，自动化漫画翻译逐渐成为可能。与传统的人工翻译相比，自动化翻译可以大大提高翻译速度、降低翻译成本。对出版商和内容分发者而言，这意味着他们能够以低廉的价格更快速地将作品推向不同语言市场。对读者而言，自动化漫画翻译技术让他们能接触到原本可能因语言障碍而无法接触到的漫画作品，也促进了文化多样性的交流。为使新时代科普漫画译者了解最新技术，本节将围绕全自动漫画翻译技术涉及的核心原理进行介绍。

1. 全自动漫画翻译技术介绍

全自动漫画翻译技术是指利用计算机技术和自然语言处理技术，对漫画中的文字进行“识别–文本转换–翻译”的过程。该技术可以帮助漫画出版商和平台在全球范围内更广泛地传播漫画作品，满足不同语言读者的阅读需求。如今漫画翻译主要有两大核心技术：文本识别和机器翻译。其中文本识别主要采用OCR 技术，而机器翻译涉及多模态翻译技术与语料库技术。

1.1　OCR

OCR 是 optical character recognition（光学字符识别）的首字母大写，主要利用扫描仪、摄像机等光学输入方式获取书本等印刷品的文字图像信息转化为可供计算机识别和处理的文本信息。OCR 对图像信息进行分析提取，让文本信息能够快速输入计算机中，进而提高计算机效率，对生活、办公、学习等实际问题亦有应用意义。OCR 技术可以分为印刷体识别和手写体识别技术，而手写体识别又分为联机（on–line）和脱机（off–line）两种（孙羽菲，2005）。漫画科普翻译主要运用的是印刷文字识别。

1.2　多模态语境感知翻译框架

漫画翻译任务与多模态机器翻译（MMT）也有关联。MMT 的目标是通过使用句子和图像来训练一个具有视觉基础的机器翻译模型（Harnad，1990）。传统的多模态机器翻译往往是输入单张图片，进行识别翻译后进行输出，然而漫画往往涵盖多图，每一个图像中可能都会有文字，因此如何识别这些文字先后逻辑关系、如何对其进行处理，这就要求翻译引擎能对图片及语言进行语境上的识别与理解。因此，Hinami 等（2021）提出利用篇章级机器翻译（Context–aware Machine Translation），对漫画语境进行理解，从漫画图像中获取上下文信息并将该信息参与进翻译决策中，用于处理那些仅依靠文本无法完成的翻译任务，如语音气泡中的文本。在没有上下文信息的情况下，翻译可能会缺乏完整的语境，导致翻译质量下降。如漫画通常包含语音气泡，主要内容为角色的对话等。翻译这种气泡中的文本时，仅仅依靠气泡中的文本可能无法理解完整的语境。除此之外，漫画页面可能包含其他语境信息，例如故事背景信息，以及角色之间的关系、角色性别等，这些信息对于正确理解和翻译特定文本至关重要，可以使用多模态语境提取和篇章级机器漫画翻译构建多模态语境感知翻译框架以解决此问题(如图 8-15)。

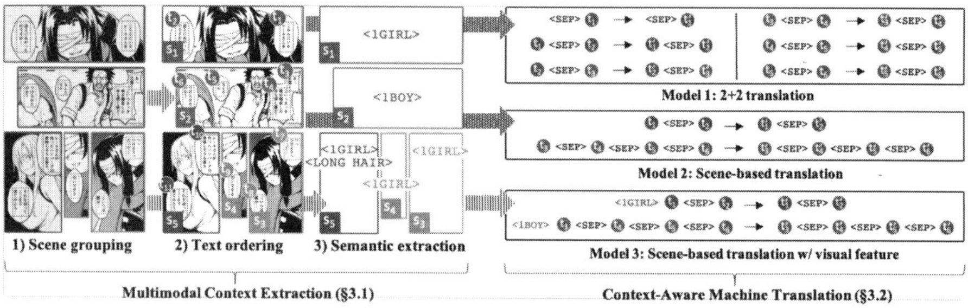

图 8-15　篇章级机器翻译示例

1.3　NMT 语料库构建

Hinami 等(2021)提出了一种利用成对的原版漫画及其译文自动构建语料库的方法。这样一来不需要人工标注也能构建漫画翻译的大型平行语料库。通过使用 OCR 技术识别，将原版漫画上的文字转为文本文字，并且利用一定算法进行语料的自动清洗、排序，形成句对，最终漫画翻译的平行语料库就能越建越大。这为模型的训练提供了丰富的数据，且无须手动标注，降低了数据准备的成本，漫画翻译语料库的建设能帮助各类机器漫画软件提升工作表现，提高漫画翻译的精准度与速度，让漫画爱好者能“自给自足”。

2. 全自动漫画翻译技术应用

对于新时代译者而言，了解新兴技术，让技术为己所用是必修课。数字漫画借助网络传播的便捷性，已经成为漫画产业主要输出阵地。正如上述所说，全自动漫画翻译技术主要涵盖文字识别转文字技术、机器翻译技术两大核心技术，目前也有专门的图像翻译软件。为追求效率，漫画译者在进行翻译之前，可以利用翻译软件进行理解，再进行译后编辑输出译文。Scan-Translator① 是一款多语言即时漫画和扫描翻译器，它可以自动检测图片中的文本并高效提供译文。涵盖超过 50 语种，支持横向和纵向文本翻译(如图 8-16)。

① https://scan-translator.com/zh

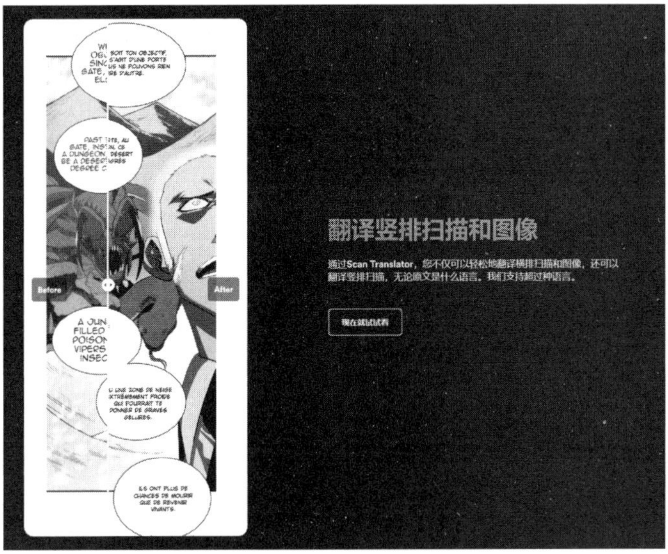

图 8-16　漫画翻译器 Scan-Translator

漫画译者可以采用“上传文本”和“安装插件”两种方式使用翻译器。上传文本主要是译者点开官方网页，点开“漫画翻译器”，上传文档即可得到覆盖原文本的翻译文件，此举适合扫描成 pdf/jpg 文件的纸质漫画翻译。而安装插件是在 Chrome 浏览器添加扩展程序，所有是翻译步骤都要在网页中完成，因此更加适合网页浏览中的数字漫画翻译。

参考文献

[1] Altenberg Tilmann & Owen Ruth J. Comics and Translation: Introduction[J]. New Readings, 2015 (5): 1-4.

[2] D. P . Newton. Talking sense in science: Helping children understand through talk[M]. London: Routledge Falmer, 2002.

[3] H. C. Chen, C. C. Hsu. Evaluating the impact of the humour training curriculum on teachers' sense of humour and creativity [J]. Journal of Taiwan Normal University: Education. 2006: 71-93.

[4] Harnad, S. The symbol grounding problem[J]. Physica D: Nonlinear Phenomena, 1990, 42 (1-3): 335-346.

[5] Hinami R, Ishiwatari S, Yasuda K, et al. Towards fully automated manga translation[C]// Proceedings of the AAAI Conference on Artificial Intelligence. 2021, 35(14): 12998-13008.

[6] K. Fiedler. Emotional mood, cognitive style, and behavior regulation[J]. In K. Fiedler & J. Forgas (Eds.), Affect, cognition, and social behavior, 1988: 100- 119.

[7] Lin, S. -F., Lin, H., Wu, Y.. Validation and exploration of instruments for assessing public knowledge of and attitudes toward nanotechnology[J]. Journal of Science Education and Technology, 2013, 22(4): 548-559.

[8] Roesky, H. W., & Kennepohl, D. Drawing attention with chemistry cartoons[J]. Journal of Chemical Education, 2008, 85(10): 1355-1360.

[9] Ruch, W. Towards a new structural model of the sense of humor: Preliminary findings[J]. AAAI Technical Report. 2012: FS-12-02.

[10] Schwarz, G., Media literacy, graphic novels and social issues[M]. SIMILE: Studies In Media & Information Literacy Education, 2007, 7(4): 1-11.

[11] Spiegel, A. N., McQuillan, J., Halpin, P., Matuk, C., & Diamond, J. Engaging teenagers with science through comics[M]. Research in Science Education, 2013, 43(6): 2309-2326.

[12] Yusof B, Basuni H. Exploring Translation Strategies of Japanese Manga in Google Translate and Komikcast Translations[J]. JURNAL ARBITRER, 2023, 10(4): 371-383.

[13] Williams, R. Image, text, and story: Comics and graphic novels in the classroom[J]. Art Education, 2008, 61(6): 13-19.

[14] Zanettin, F. Manga in America. Transnational book publishing and the domestication of Japanese comics[J]. The Translator, 2018, 24(3): 279-283.

[15] 柴芸. 从纸媒到屏幕化的漫画设计应变[D]. 南京艺术学院, 2021.

[16] 丁理华. 论阅读终端屏幕化对漫画表现形式的影响[J]. 装饰, 2018, (11): 100-103.

[17] 韩文利. 新媒体背景下数字漫画出版的新特征[J]. 出版科学, 2016, 24(3): 84-86.

[18] 刘晓荷, 董小玉. 读图时代的阅读嬗变与出版调适[J]. 现代出版, 2019(06): 32-35.

[19] 罗曦. 新媒体下的数字漫画[D]. 南京: 南京师范大学, 2013.

[20] 麦克劳德, 重构漫画[M], 北京: 人民邮电出版社, 2010.

[21] 缪印堂. 谈科学漫画的发展与传播[J]. 科普研究, 2016, 11(05): 5-9.

[22] 权迎升. 中国漫画现状及思考[N]. 讽刺与幽默, 2023-02-10(05 版).

[23] 孙羽菲. 低质量文本图像 OCR 技术的研究[D]. 中国科学院研究生院(计算技术研究所), 2005.

[24] 汤仲雯. 典籍漫画翻译的跨模态跨文化改写——以蔡志忠《西游记》英译为例[J]. 湖北工程学院学报, 2021, 41(01): 42-46.

[25] 杨纯芝, 覃俐俐. 漫画翻译研究: 回顾与前瞻[C]//外语教育与翻译发展创新研究(第七卷). 中央民族大学外国语学院, 2018: 6.

第九章

儿童科普短视频特点及翻译

短视频，作为一种新颖且充满活力的媒体形式，自诞生之日起就风靡国际舞台。至今为止，大部分社交软件就已经推出了短视频功能，短视频时代已经到来。短视频这一功能的引入，为用户提供了一个全新的方式来捕捉和分享他们的日常生活，从而改变了社交媒体的互动模式。随着越来越多的人开始投入到短视频的创作和编辑中，这种媒介形式的影响力只增不减。用户们不仅在平台上分享生活点滴，还开始利用这种形式进行品牌推广、教育传播等。因其巨大的影响力和普及度，短视频成为一个值得深入研究的现象。国际上的研究者们也逐渐开始关注这一现象，研究短视频的传播特性、社会影响以及如何在不同文化和地区中产生共鸣。这些研究不仅加深了我们对数字媒体和社交网络的理解，也为未来媒体的发展提供了重要的视角和启示。

短视频是流行于社交媒体网络上的视频，时长一般仅有六秒，具有开放共享的特质，短视频的创作者会不断制作和发布视频到社交网络；其拍摄角度多以自我为中心，手持移动设备进行拍摄(Nguyen P X, et al., 2016)。短视频之所以在极短时间内风靡网络，是因为相较于长视频，它们所传达的内容更加直接、生动，能够在短时间内吸引观众的注意力(Joglekar S, et al., 2017)。此外，人们以往观看电视电影后发表感受仅能在影视平台或社交平台留言评价，然而如今的短视频软件都开放了评论区，创作者与观众能在评论区实时互动，这种互动性也为它带来了很强的社交属性(Joglekar S, et al., 2017)。短视频的诞生与市场经济需求也相得益彰，由于短视频的观看时长短、传播速度快，所以短视频的广告效果比长视频更好，具有无法估量的商业应用价值(Chere. Tom., 2013)。

短视频易上手、传播快，但是同样也带来潜在的风险与挑战。短视频内容良莠不齐，在充分认识到短视频的生产力的同时，也应警惕资本和技术逻辑，实现短视频内容产业的可持续发展（马涛、刘蕊绮，2019）。对于儿童群体来说，短视频可能具有潜在成瘾性（Yang Z, et al., 2021），正因为短视频趣味、吸引人的特质，短视频也成了绝佳的科普教育阵地。作为教育工具，父母可能利用短视频课程引导儿童心理发展（Ewing, et al., 2020）。随着儿童教育愈发受重视，短视频内容也逐步在管控下日渐向好（黄楚新等，2020），成长为科普教育的重要载体（江作苏、李梦娇，2022）。

根据《中国互联网发展状况统计调查》①，截至 2023 年 6 月，我国网民规模达 10.92 亿人 18，较 2022 年 12 月增长 1109 万人，互联网普及率达 76.4%，较 2022 年 12 月提升 0.8 个百分点（如图 9-1）。

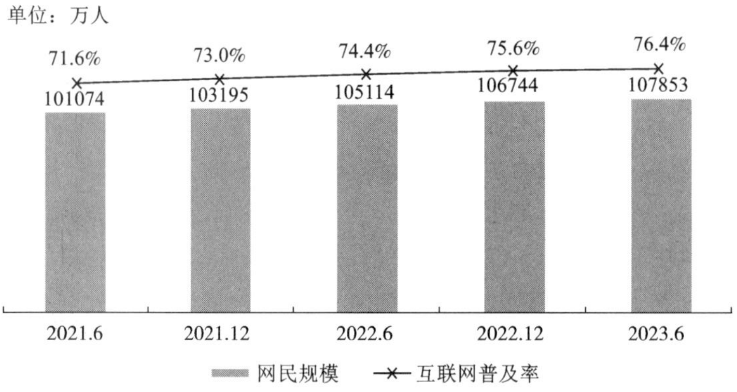

图 9-1　网民规模及互联网普及率

截至 2023 年 6 月，网络视频用户规模为 10.44 亿人，较 2022 年 12 月增长 1380 万人，占网民整体的 96.8%。其中，短视频用户规模为 10.26 亿人，较 2022 年 12 月增长 1454 万人，占网民整体的 95.2%（如图 9-2）。其中，儿童网民占比为 10%以上（如图 9-3）。

2022 年 9 月，中共中央办公厅、国务院办公厅印发的《关于新时代进一步加强科学技术普及工作的意见》②中强调要加强科普作品创作，支持运用新技术手段，丰富科普作品形态，营造热爱科学、崇尚创新的社会氛围。儿童科普短视频是专门为儿童设计的一种教育娱乐形式，旨在通过简短的视频内容向儿童普及科学知识。为了激发儿童兴趣，使儿童吸收科学知识，儿童科普短视频

① https://www.199it.com/archives/1648048.html

② https://www.gov.cn/zhengce/2022-09/04/content_5708260.htm

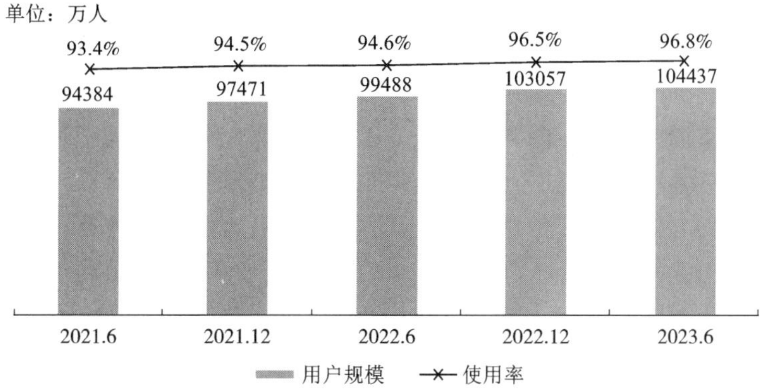

图 9-2　2021-2023 网络视频用户规模及使用率

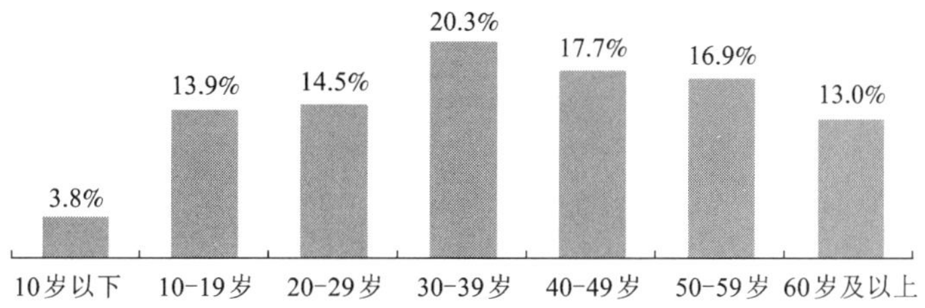

图 9-3　网民年龄结构

通常采用生动有趣的动画、简单易懂的语言，选取与儿童生活紧密相关的主题进行科普。

随着数字化时代的到来，儿童更容易接触到各种信息，而传统的教育方式可能无法完全满足他们的需求。新媒体平台可以通过互联网等渠道，将儿童科普内容传播到更广泛的群体中，提供更灵活、便捷、生动的学习方式。新媒体平台还可以根据儿童的兴趣和学科特点，个性化地呈现科普内容，更好地迎合不同儿童的学习需求。运用多媒体进行科普教育对儿童的影响是多方面的。它激发了儿童对探索未知世界的兴趣，培养其对科学的好奇心。通过生动有趣的呈现方式，儿童更容易记住所学知识，提高其学习效果。此外，儿童科普短视频也有助于培养儿童的观察力、思考力和解决问题的能力，为他们未来的学习和发展打下坚实基础。语言文字是短视频信息的传播介质，译介优秀的科普短视频能促进国内外知识的互联互通，了解短视频的特点、功用能让译者在翻译时心中有数、不易犯错。本文试图分析儿童科普短视频特点，并针对其翻译策略选择提出拙见。

一、儿童科普短视频分类

儿童科普短视频是专门为儿童设计的教育娱乐，通过生动有趣的方式介绍科学知识。它激发了儿童对科学的兴趣，提高了学习效果，培养其观察力和解决问题的能力。新时代需要新平台，以适应数字化时代，通过互联网传播科普内容，儿童科普短视频更好地满足了儿童学习需求，具有内容传播碎片化、封面标题引人注意、角色 IP 富有童趣、语言表达通俗易懂几大特点。

1. 内容与传播碎片化

内容与传播碎片化指视频内容通常是短小精悍、易于消化的信息片段。这种碎片化的内容格式非常适合快节奏的社交媒体平台，可以在短时间内吸引儿童的注意力并传递有价值的信息。对于年龄较小的观众来说，这种简短直接的格式可以帮助他们更容易地理解和记忆科学概念。

图 9-4 选自抖音平台《100 集科普动画片》系列动画短视频，视频时长在 3-8 分钟不等。每集动画都以人类身体的一部分展开故事内容，为小朋友们进行人类身体知识的科普。每一集短视频都从小主人公在生活中遇到的问题出发，由两名小超人带领屏幕前的儿童们去解决问题，在此过程中一步一步了解我们身体的这些器官是如何运作的，并且引导儿童如何应对各类问题。简短时长能大幅降低儿童集中注意力的难度，能针对性地传递科学知识点。

图 9-4　科普视频《人体奥秘——眼睛》

2. 标题封面引人注意

儿童是充满好奇心和想象力的群体，生动吸引人的标题能够激发他们的兴趣。通过使用简单而富有创意的词汇，标题能迅速引起儿童们的好奇心，使其对视频内容产生浓厚的兴趣。封面设计是视频内容的第一印象，具有直观和快速传达信息的作用。色彩明亮、形象生动的封面能够吸引儿童的目光，而简单有趣的封面图像能立即传递视频的主题，使儿童。此外，儿童科普视频的标题和封面设计需要考虑到年龄特征和心理需求。针对不同年龄段的儿童，可以采用不同风格和表现形式，以确保标题和封面更好地契合目标受众的兴趣和认知水平。

图 9–5　科普视频《萝卜逃跑啦》

例 2 选自抖音平台的儿童科普视频《萝卜逃跑啦》(图 9–5)，视频的封面由标题“萝卜逃跑啦”和一排排栽种在土地里的萝卜构成。“萝卜逃跑啦”的标题十分引人眼球，巧妙运用了拟人的修辞。萝卜作为儿童在生活中常见的蔬菜，怎么会逃跑呢？这样一来就勾起了儿童的好奇心，想一探究竟萝卜是如何逃跑的。其次标题的文字排版也十分有趣味，标题的字号由大变小，歪七扭八、十分不规整，仿佛排作一排正在逃逸，恰巧符合标题“逃跑啦”。而作为儿童科普视频，标题中“啦”字很好体现了其口语化且富有童趣的语言特征，仿佛就出自一个儿童之口。从整体封面设计上来看，该封面色彩丰富，标题大方简洁的同时突出了科普视频的内容。

3. 角色 IP 富有童趣

儿童科普短视频通常采用动画角色引导观众了解科学知识，这些角色具有鲜明的个性以及吸引儿童的外观。通过这些角色讲故事或解释科学概念，可以使内容更加生动有趣，更容易被儿童接受和喜爱。

以下案例均选自抖音平台的儿童科普短视频(图 9-6)，其中非常多对于动漫 IP 角色的运用，通过案例我们可以看出这些角色都被设计得十分具有童趣，通常为高度拟人化的小动物，它们说着和我们一样的语言，从事着人们日常生活中非常常见的活动，从小兔子会戴着眼镜在图书馆看书、绵阳妈妈在家里为绵羊一家烹饪午饭，到蚯蚓戴着遮阳帽打羽毛球等。比起实物图像的展示，这些富有趣味的角色更加受到儿童的接纳与喜爱，而通过这些精心设计的角色为儿童讲述故事或者科学概念通常也能取得更好的效果。

图 9-6　科普视频《毒蘑菇》《蚯蚓》

4. 语言表达通俗易懂

儿童科普短视频的语言表达通俗易懂，不仅要使用简单的词汇，避免晦涩难懂的专业词汇外，还包括使用儿童能够理解的比喻和例子。语言的使用应该与儿童的认知水平相匹配，避免使用过于复杂或学术化的表达。

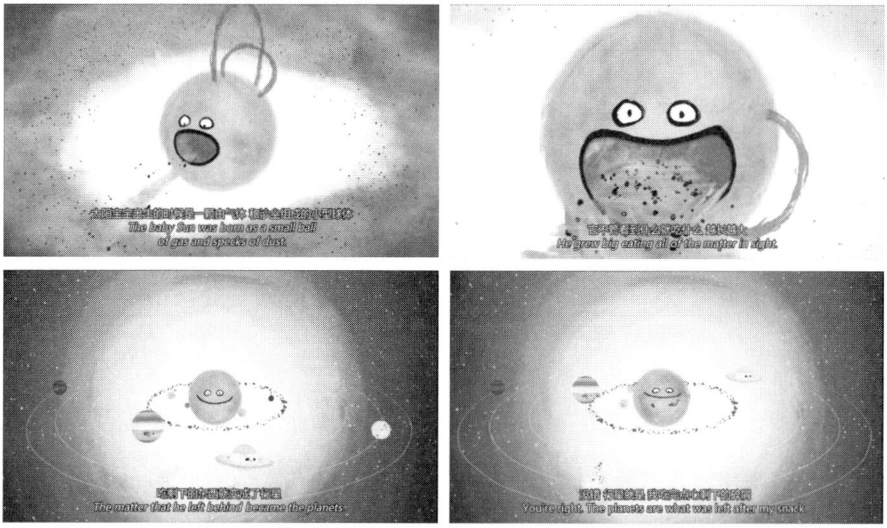

图 9-7　科普视频《太阳是怎么诞生的》

图 4 为儿童科普短视频《太阳是怎么诞生的》(图 9-7)，该短视频主要讲述的是太阳宝宝不停地“吃吃吃”从而变成如今的太阳的故事。百度百科将太阳形成描述为“...始于 46 亿年前一片巨大分子云中一小块的引力坍缩。大多坍缩的质量集中在中心，形成了太阳，其余部分摊平并形成了一个圆行星盘，继而形成了行星、卫星、陨星...”，第一张图中用“气体”和“沙尘”等简单的词汇表达“分子云”“星云”等晦涩难懂的概念。第三张图和第四张图中将“行星”描述为“吃完点心剩下的碎屑”，这样的表达方式通俗生动，能让儿童将日常中吃点心的经历于此关联起来，引起儿童的共鸣。以上做法符合儿童的理解认知水平，能更好的对视频的意义进行传达，简单的举例帮助儿童理解记忆的同时也让儿童更好地抓住事物的本质。此外，视频中还采用了“太阳宝宝”等儿童口语的称呼，以儿童日常的口吻拉进与小观众们的距离，具有浓浓的感情色彩。

二、儿童科普短视频特点

知识的存在于传播需要媒介承载，并始终处于一定叙事模式之中。知识类短视频在发展中形成了自身独有的叙事框架与规律，将知识传播中的叙事行为进行框架研究，提出知识类短视频视听叙事框架的“递进模式”，即：视角框架—话语框架—结构框架—语法框架(王晟添，2022)。在儿童科普短视频叙事中，每一类框架各自发挥作用，在层层递进中对观众的知识积累与认知进行建构。由于上一节对儿童科普短视频的风格与特点进行了阐述，因此本节主要分析儿童科普短视频的视角框架、话语框架与结构框架。

1. 视角框架

传统的科普传播通常依赖专家视角，短视频时代的兴起让人人都有了麦克风，知识类短视频呈现出多样的叙事视角。多元视角能使科普内容更具亲和力与趣味性，能吸引观众观看的同时促进内容的传播。

在科普短视频中，创作者会采用第一人称拉近视频与观众的距离，以此让观众感觉置身于创作者打造的环境中，产生身临其境的代入感。通过引导观众的思维，创作者在画面与视听两种模态上相互配合，在科普动画叙事过程中，创作者并不会为观众客观讲述某件事，而是通过画面语言，将观众引入设置好的画面中，主要通过画面带来的感官刺激实现科普知识的输入。由于儿童理解能力与知识背景的局限，如果面对单一的第一视角，儿童难以将自己代入进视频角色完成知识输入，因此需要有一个引领者带领他们学习新知识，画面呈现第三人称叙事，这个“引领者”可以是老师、医生、父母等长辈角色，也可能是小兔子、猫头鹰等动画角色。为了确保儿童科普短视频的趣味性，创作者们会根据科普叙事需要变换叙事视角，因此一个儿童科普短视频中可能会出现多个叙事视角。

图 9–8　科普视频《鼻涕》

图 9–9　科普视频《鼻涕》

图 9-8 与图 9-9 选自同一个儿童科普短视频，围绕“流鼻涕”这一生理现象进行科普。在描绘鼻涕产生的过程时，为了让观众更加直观地了解，创作者采用第一人称视角——“鼻涕粘液”的身份进行叙述；在进行教育性的引导或背景介绍时，创作者则借用了漫画人物的口吻进行呈现。

2. 话语框架

传统科普多采用书面化的语言风格，注重专业术语和系统化的知识结构来体现严谨性和权威性。然而，随着信息传播媒介的演变，科普短视频作为一种视听文本，其口语化特征日益显著。短视频平台上的内容常采用口头叙事方式，融入日常语言和社交互动元素，提升观众的参与感与理解度。这种转变不仅反映了媒介环境的变迁，也表明了科普传播方式从传统的书面化形式向更具互动性和亲和力的口语化表达的过渡。口语化、趣味化的文本风格成为构建儿童科普短视频的话语框架。

图 9-10 选自以“鲸鱼喂奶”为主题的儿童科普短视频。从中可知，原文使用了口语化的简单表达对鲸鱼喂奶的行为进行描述，十分具有亲和力，便于小观众们理解。

图 9-10　科普视频《鲸鱼喂奶》

3. 结构框架

结构框架指叙事主体采用怎样的结构类型来组织文本，使之成为一个完整的叙事（王晟添）。儿童科普短视频中常用的结构框架为奇观化结构叙事与实用型结构叙事。

3.1　奇观化结构叙事

儿童科普短视频通过引入令人惊奇的元素来构建叙事结构，以吸引和维持观众的注意力。这种叙事方式利用奇特的视觉效果、戏剧化的情节或意想不到的转折来增强内容的吸引力，使观众在感官和情感上都得到强烈的刺激，进而增强科普信息的传播效果。

图 9-11　科普视频《卡鱼刺了怎么办》

图 9-11 选自以“卡鱼刺了怎么办”为主题的儿童科普短视频。视频一开头的画面为任务将一根非常大的鱼刺模型放在自己的喉咙位置，采用了夸张的视觉效果引起观众的兴趣，进而实现科普知识的传递。

3.2　实用型结构叙事

儿童科普短视频的实用型结构叙事即明确快速介绍某科学知识或解决实际问题。通常在视频开头提出视频亟待解决的问题或制作目的，接着以简洁的步骤或明确的回答展示答案，确保观众能够轻松理解或应用，实现内容的实用性。

图 9-12 选自有关“牙齿清洁”的儿童科普短视频。视频开门见山抛出日常存在的牙齿清洁问题，直接表明了牙齿清洁的重要性，并且向观众展示如何清洁牙齿更有效。

图 9-12　科普视频《牙齿清洁》

3.3　剪辑解说型叙事

儿童科普短视频的剪辑解说型叙事结合了科普知识的传达和视频剪辑的艺术，旨在客观展示科学概念和信息。这种叙事形式通过精心选取视觉素材、动画、图表等图像元素，并结合详细解说，生动地解释复杂的科学概念或现象，提供观众易于理解的方式。这种叙事方法往往更加客观、专业，适用于相对较大年龄阶段的儿童群体。

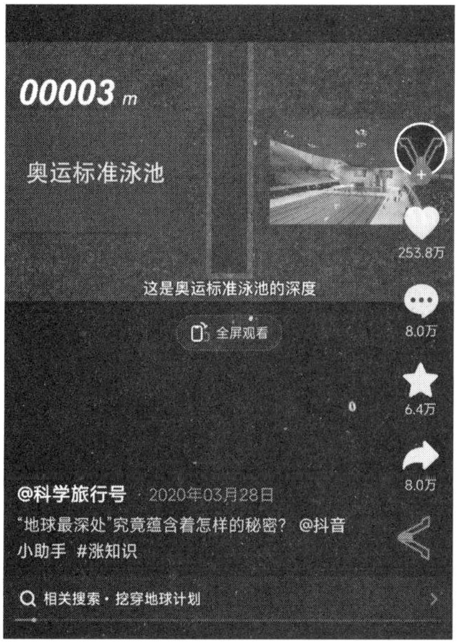

图 9-13　科普视频《地球内部》

图 9-13 选自以"地球内部结构"为主题的科普短视频，视频以插画、图片、文字作为主要视频呈现内容，图像随着文本的讲述进行更改，观众能根据视频中展现的客观数据与参照物了解更为真实的信息。

三、儿童科普短视频翻译

译介优秀的儿童科普短视频翻译有助于增强我国儿童科普教育，同时也能刺激原创科普短视频创作。考虑到儿童读者的特点及儿童科普短视频的特性，儿童科普短视频翻译需要做到以下几点：适当省译，语言简明；知识准确，增加背景；考虑语境，逻辑明晰；字画协调，相辅相成。以下将逐个进行译例分析。

1. 适当省译，语言简明

考虑到科普短视频语速、字幕瞬时性等因素，科普短视频翻译适当省略、语言简明能提高观众理解度，保持观众注意力，使字幕量贴合观众阅读速度，尤其是儿童观众理解能力有限，翻译更应简明易懂。

【例 1】

原文	译文
Laser beams are	激光束
high energy beams	能量很高
that can be focused very tightly	能紧密聚焦在某一点
But what's cool is that	更酷的是
all photons in a laser beam	激光束里所有光子
have the exact same frequency or tone	都有相同的频率
much like a choir of light	就像一支光之合唱团

字幕翻译受时间的限制。影视字幕是"语言和图像的同步配合，每行字幕必须在屏幕上停留足够让观众扫视的时间，一般以 2 到 3 秒为宜"(钱绍昌，2000)。科普短视频由于时空的局限性，字幕翻译不宜冗长，确保字幕简明扼要。

例 1 节选自题为"How do laser work"的科普短视频，原视频语速快，所以译文也不容拗口。译者须保持短视频字幕与声音和画面同步，翻译时对文本进行适当的删减，通过对信息进行加工和提炼来传达核心信息，从而省略不必要的部分。如"Laser beams are high energy beams""have the exact same frequency or tone"相应省译为"激光束能量很高""都有相同的频率"而非"激光束是一种高能量光束""都有完全相同的频率和基调"。从多模态话语分析理论的角度来看，科普短视频翻译就是为了帮助儿童更好地理解原文，所以译者须将原文的中心思想译出，省译不相关的信息，从表达层面来保证译文的简洁和流畅，帮助儿童更好习得知识。

【例 2】

原文	译文
想知道橘子瓣有几个	To know how many segments of an orange
关键在橘蒂	check its top

续表

原文	译文
拔掉绿梗	Pluck the stem
就能看到这一小圈白点	you can see the white dots
这些小白点	they are actually ducts
其实是橘子瓣	to convey nutrition
供给养分的导管	to every segments
每个导管只连接一瓣橘肉	one duct for one segment

短视频字幕具有瞬时性，即短视频字幕与画面和声音同时出现，同时消失，不会再重复出现。短视频字幕受到时间因素的制约，停留在屏幕上的时间非常短。儿童不能像阅读书籍那般不受时间限制，可以反复阅读、前后对照。这就需要译者进行适当的省译缩减，让译文简洁明了，以此控制好译文的长度和时间。

因为短视频有图片、画面、音效等非语言因素做辅助，所以省译并不会造成歧义。如例 2 中原文的“橘蒂”“绿梗”“橘肉”分别省译为“top”“stem”“segment”而非“tangerine stem”“green stem”“tangerine segment”，这也是短视频科普翻译区别于其他传统科普方式的优势。

2. 知识准确，增加背景

为了确保科普视频的作用，科普短视频翻译必须确保知识准确性，同时增加一定科学背景知识。科普不能误导观众，尤其是针对儿童观众。科普视频具有教育性质，其目的在于传递正确的科学知识，增加科学背景知识能让观众更深入、全面地理解相关概念。

【例 1】

原文	译文
很久很久以前	Long long ago
人类为了在休息中	to sleep well
睡得更舒服	human tried to use things
开始在脑袋下垫石头、木头、杂草或者手臂	like stones, woods or reeds or even use their arms as pillows

续表

原文	译文
这种枕东西的行为	This behavior
最早可以追溯到	can be traced to the stage
早期智人阶段	of Homo sapiens about 300000 years ago

短视频平台已经成为助推科普、传递科学精神的重要载体。而作为儿童科普短视频，目的是为儿童科普相关知识，所以根据儿童的接受能力和知识水平，译者有必要在字幕翻译时传达准确的知识，以及增加相应的背景知识。例1中的“早期智人阶段”，译者采用了增译策略，帮助儿童了解智人存在的时间，从而达到引起儿童对知识的好奇心、扩展知识面的效果。

【例2】

原文	译文
Some scientists think laughter took on expanded functions	一些科学家认为，人类从大猩猩演化过来后
after human split from other great apes	发展成巨大的人类群体
and developed large social groups	拥有更复杂的语言能力
and more complex language abilities	因此就有了笑的能力

例2视频前文讲述了其他动物也有与笑相关的行为和社会活动，尤其指出了大猩猩等类人猿，所以译者也同样增加背景性知识，译为“人类从大猩猩演化过来”，以此辅助儿童更好地理解相关科普内容。译者在进行儿童科普字幕翻译时，也应根据知识的专业程度，关注短视频中各模态的组成方式和组成的意义，灵活选择目的语的表达方式，将短视频的字幕内容、视听语言等元素流畅地串联起来传达给儿童，达到科普的效果。

3. 考虑语境，逻辑明晰

短视频时间有限，为了确保观众获得完整信息，科普短视频翻译须保持前后语境一致，有助于维持视频的逻辑流畅性，确保观众能够全面理解科普内容，避免出现混淆或不连贯的情况。且逻辑明晰的短视频更易于被观众接受，观众能够更轻松地理解和吸收信息。

【例 1】

原文	译文
晕动症	Motion Sickness
是在视觉和位置	happens with the combination
两套感觉系统的	of two sense systems:
共同影响下产生的	visual and positional
当两套系统反馈一致时	When the two systems match well
一切正常	everything is OK
一旦匹配失败	If not
你就会头晕想吐	you may get a nausea

【例 2】

原文	译文
Once in your intestine	一旦进入你的肠子
the larva bites into your intestinal wall	幼虫会啃食你的肠壁
where it could spends	在接下来的 25 年
the next 25 years	它能在你的肠子里
growing to eight meters long	长到 8 米长
eating what your eat	它会吃你吃的食物
and laying eggs	在你肚子里产卵

儿童科普短视频字幕须根据目标观众特点翻译成适合他们的语言，同时既要忠实原文，也要保持译文的逻辑性和连贯性。例 1 主要是为儿童科普晕动症是什么，根据汉英的语言特点，英语译文“of two sense systems: visual and positional”对视觉和位置两套感觉系统进行了罗列，突显了逻辑感。同理，在例 2 中，译文根据目的原则，调整语言结构，翻译为更易于中文区儿童接受的语言，减少儿童对知识理解的障碍。

4. 字画协调，相辅相成

考虑到科普短视频具有多模态特点，在翻译时译者需要充分考虑视频画面对字幕的影响，切实分析画面与字幕是互补还是非互补、强化还是非强化关系，并且以此来选择采用增译、减译还是改译等翻译方法。

【例 1】

原文	译文
眼睛要看东西时	When you see things
光线就会像快递员一样	the light beam is like a mailman
把看到的图像送到眼睛里	sending the image of things to your eyes
看	Look
光线先飞快地翻过一扇叫“眼角膜”的窗户	It firstly comes across this arc called Cornea
然后又“咻”的一下	Then in a “whiz”!
钻进一个叫“瞳孔”的小黑洞	It enters a black hole called Pupi

【例 2】

原文	译文
Isn’t it odd that	听到有意思的事情时
when something is funny	你可能会像这样
you might show your teeth	露出牙齿、呼吸急促
change your breathing	感觉到没力或者酸痛
become weak and achy in some places	甚至还想哭
and maybe even cry?	这难道不奇怪吗?

在多模态话语视角下，从表达层面分析，也称媒体层面，包括语言和非语言两大类。其中，语言类包括纯语言的和伴语言的两种。实现语言类意义传播的媒体形式主要有：声波传导的声音符号和书写等生成的文字符号（张德禄，2009）。音效、台词、背景音乐等属于声音符号，中英文字幕则属于书写符号。非语言类则包括身体的和非身体的（张德禄，2009）。因此，在进行科普短视频翻译时，要注意字幕与画面协调。所以译者在翻译过程要关注各个模态，音画协调，相辅相成。如例 1 中，原文与译文一一对应，短视频根据字幕的变化而放映出相应的画面。例 2 也同样在翻译时注意字画协调的特点，“露出牙齿”“呼吸急促”“想哭”等，甚至比原视频更契合画面。科普短视频翻译应从内容、表达、语境层面让科普更加有趣味性，激发儿童对科普视频的兴趣。

四、翻译技术——短视频翻译

随着互联网技术迅速发展，人工智能（Artificial Intelligence，AI）也不断更新换代，AI 技术逐渐实用化，相关各个领域都有长足进步。根据第 45 次《中国互联网络发展状况统计报告》（2020 年发布），近年来，人工智能关键技术日趋成熟，自然语言处理、语音图像领域的人工智能技术不断取得突破，使得人工智能技术在生产系统中的工程化应用成为可能。如今短视频发展势头正盛，为了方便自己了解外国短视频内容或是进行短视频转载本地化，AI 在短视频翻译中崭露头角。在 AI 视频翻译软件中，用户只需提交满足要求的初始视频，支付一定订阅费用，即可实现二十余种语言的"一键翻译"，呈现出自然的克隆声音和真实的说话风格。相较于之前版本，最新的 AI 智能翻译软件不仅能够实现"轻松换脸"，甚至连口型都能配合得"天衣无缝"（李瑶，2023）。新时代科普短视频翻译译者需了解行业前沿动态，了解短视频翻译最新技术。因此本节概述 AI 短视频翻译的大致流程（图 9-14）与主要组成技术版块。

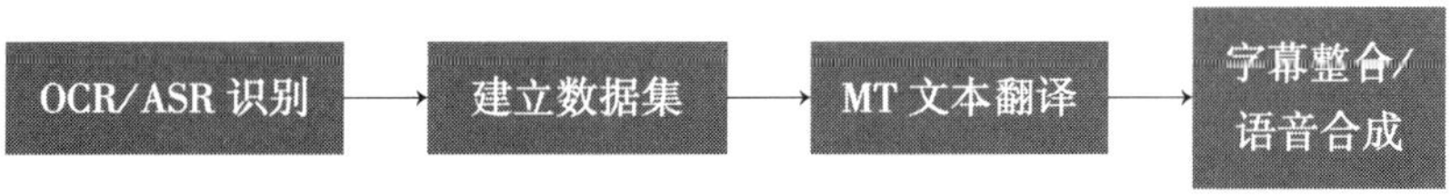

图 9-14　AI 短视频翻译流程图

1. 视频翻译技术介绍

1.1　ASR 技术

语音识别，又称自动语音识别（Automatic Speech Recognition，ASR）。它本质上是一种人机交互方式，可以将语音信号转变成相应的文本或者命令，以便机器进行理解和产生相应的操作（苏荣锋，2020）。音频信号在传输或录制过程中容易受到多种环境因素的影响，如背景噪声、回声、信号衰减，以及设备自身的限制等。这些因素可能导致音频信号发生畸变，影响其清晰度和可辨识度。因此，业界对语音识别提出更高要求而进化成 AVSR（Audio-Visual Speech Recognition，视听语言识别）。AVSR 技术指的是在听觉模态基础上，结合视觉信息（visual information），共同完成从语音到文本的转写过程。AI 视频翻译往往应用了 ASR 甚至 AVSR 技术对原视频进行处理。

1.2 字幕整合

字幕生成，作为视频翻译技术的核心部分，对于听力障碍者和不精通视频语言的观众尤其关键。它不单是简单地在视频上添加文字，更涉及精细的字幕时序、布局和可读性调整。关键在于确保字幕与视频中的对话紧密同步，让观众能在恰当的时刻阅读到对应的文字。字幕的设计（如字体大小、颜色和背景）必须考虑到不同设备和观看环境下的清晰可读性。字幕不仅向听力障碍者提供必要信息，还助力非母语观众更好地理解视频内容，尤其在学习新语言或特定术语时显得格外重要。在噪声环境中或需要无声观看时，字幕的作用也不容忽视。

随着人工智能和机器学习技术的进步，字幕生成的准确性和效率正逐步提升。AI 系统通过学习特定语言模式和表达方式，能够产生更自然、更符合目标语言风格的字幕。展望未来，随着技术的不断发展，自动生成的字幕有望达到甚至超越人工翻译的水准，大大提升广大观众的视频观看体验。

1.3 TTS

TTS（Text-to-Speech），即语音合成或文语转换技术，主要由文本分析、韵律控制、单元选择、波形合成与语音库构成，能够有效解决现有系统存在的问题，提升英语自动翻译的整体效果（王渭刚，2023）。TTS 技术让视频内容自动以语音形式呈现，无须原始视频演讲者进行配音，有助于拓宽视频的多模态传播渠道，降低观众观看难度，从而保留观众的观看兴趣。此外，TTS 技术还能降低阅读障碍，如为视觉障碍人士提供音频形式的内容。它也被广泛应用于智能助手、电子书阅读、自动客服系统等领域。在 AI 视频翻译中，通过语音合成的智能服务，就能一键将字幕生成配音，并自动将字幕时间与配音进行同步（谭乐娟，2020）。如今的 TTS 技术十分先进，通过深度学习模型学习大量的语音数据，它们模拟产生听起来自然流畅的语音，不仅能够准确地发出文字内容，还能在语调、节奏、强调等方面模仿人类的自然语音，甚至能调整不同的语言、方言和口音。然而，尽管现代 TTS 技术取得了巨大进步，但完全达到人类语音水平的自然度和表达能力仍是一个挑战。特别是在处理复杂的情感表达和不同文化背景下的语言细节时，仍有提升空间。随着技术的不断进步，未来的语音合成将更加自然、灵活和多样化。

2. 短视频翻译技术应用

短视频有别于影视作品，人人都能是作者，平台内置的翻译技术成为短视频跨国传播的重要工具。以某社交网站为例，每一个视频右下角都有【字幕】选项(图 9-15)。对于没有配备字幕的视频，有字幕需求的用户可以点击字幕中进行字幕识别，视频采用 ASR 技术对视频内部声音进行识别并转换为可理解的文本；对于不同语种的视频，有语言需求的用户可以点击相应的翻译语言，文本以目标语字幕的形式呈现。

图 9-15 某视频平台自动翻译技术

短视频的自动翻译技术让用户交流更加迅速便捷，智能技术也为残障人士带来福音。目前 ChatGPT-4 旨在突破单一文字形态，发展多模态技术，包括文字、图像、音视频等的识别与转换，这将为弥合数字残疾沟构建技术供给(张爱军、杨程曦，2023)。对于新时代译者而言，顺时代之势而上，让技术为自己赋能，才能提高翻译效率，助力翻译发展前景。

参考文献

[1] Chere. Tom. AOL study finds that short-form video ads are more effective than you'd think [J]. Wall Street Journal. 2013(10): 11-15

[2] Ewing, Alison Pike, Suzanne Dash, Zoe Hughes, Ellen Jo Thompson, Cassie Hazell, Chian Mei Ang, Nes ya Kucuk, Amie Laine, Sam Cartwright - Hatton. Helping parents to help children overcome fear: The influence of a short video tutorial[J]. British Journal of Clinical Psychology, 2020, 59(1): 93-99.

[3] Joglekar S, Sastry N, Redi M. Like at first sight: understanding user engagement with the world of micro videos[C]//International Conference on Social Informatics. Springer, Cham, 2017: 237-256.

[4] Nguyen P X, Rogez G , Fowlkes C , et al. The Open World of Micro-Videos[J]. 2016: 1-17.

[5] Su R, Wang L, Liu X. Multimodal learning using 3D audio-visual data for audio-visual speech recognition[C]. In Proc. IALP, 2017: 40-43.

[6] Yang Z, Griffiths M D, Yan Z, et al. Can watching online videos be addictive? A qualitative exploration of online video watching among Chinese young adults[J]. International Journal of Environmental Research and Public Health, 2021, 18(14): 7247.

[7] 第 45 次《中国互联网络发展状况统计报告》[R]. 网信办, 2020: 82-83.

[8] 黄楚新, 吴梦瑶. 中国移动短视频发展现状及趋势[J]. 出版发行研究, 2020, No. 344(07): 65-70+64.

[9] 江作苏, 李梦娇. 短视频科学传播内容生产与所涉伦理探讨[J]. 中国编辑, 2022(1): 61-66.

[10] 李瑶. AI 视频翻译有点"忙"[N]. 山西日报, 2023-11-22(011).

[11] 马涛, 刘蕊绮. 短视频内容产业发展省思: 重构、风险与逻辑悖论[J]. 现代传播(中国传媒大学学报), 2019, 41(11): 17-22.

[12] 钱绍昌. 影视翻译——翻译园地中愈来愈重要的领域[J]. 中国翻译, 2000, (01): 61-65.

[13] 苏荣锋. 多重影响因素下的语音识别系统研究[D]. 中国科学院大学(中国科学院深圳先进技术研究院), 2020.

[14] 谭乐娟. 人工智能技术在视频编辑中的应用实践[J]. 中国传媒科技, 2020, (08): 125-128.

[15] 王渭刚. 基于 TTS 技术的智能化英语自动翻译系统[J]. 信息技术, 2023, 47(03): 117-121+127.

[16] 张德禄. 多模态话语分析综合理论框架探索[J]. 中国外语, 2009, 6(01): 24-30.

[17] 张爱军, 杨程曦. 可供、可及、可见: ChatGPT 赋能下的无障碍视听传播前景展望[J]. 泰山学院学报, 2023, 45(05): 127-136.

[18] 王晟添. 知识观的重塑与视听微叙事传播——以短视频媒介下的知识传播为例[J]. 求索, 2022, (05): 68-76.

后　记

本书起稿于2022年，在多方努力下终于在2024年面世。2022年春，若兰老师找到我，提及要专为儿童科普读物译者培养作一本专著。若兰任职于长沙师范学院，长师翻译专业特色在于主要为儿童读物培养译者。作为儿童读物教学实践与研究并重的教师，她深切感受到儿童作为边缘读者受到的忽视。诚如习总书记所言，“好奇心是人的天性，对科学兴趣的引导和培养要从娃娃抓起。”儿童科普其认识世界的重要窗口，儿童科普译者也因此肩负满足儿童好奇心、实现科学教育的使命。目前学界缺乏系统性儿童科普文体研究，因此我们决定收集现有的儿童科普相关文体素材撰写《儿童科普文体翻译》一书，为儿童科普文体翻译研究添砖加瓦，更希望抛砖引玉，使更多学者关注并投身儿童读物翻译研究！

两年时光匆匆而逝，能如此顺利完成这本专著离不开老师同学的共同努力。首先感谢若兰的信任，与我合作出版这本具有特别意义的专著，在撰写过程中，若兰与我多次秉烛夜谈，反复确认书稿框架与内容细节，相互鼓励支持，共同解决困难，若兰之于我为良师更为益友！

其次感谢为本书作出贡献的王楚昕、潘美琪与李雨同学，三位同学勤恳笃行，协助作者为本书查找素材并撰写案例分析。其中王楚昕、李雨同学主要协助部分科普读物参考文献中的案例搜集、潘美琪同学主要协助科普短视频章节的译例分析，有了她们的助力本书才能如此顺利面世！

最后感谢所有翻开本书的读者们，衷心希望本书能为您的学习与研究奉献微薄之力！

卿子晔

2024年1月1日

图书在版编目(CIP)数据

儿童科普文体翻译／李若兰，卿子晔著. —长沙：中南大学出版社，2024.2

ISBN 978-7-5487-5742-9

Ⅰ. ①儿… Ⅱ. ①李… ②卿… Ⅲ. ①儿童—服务业—翻译事业—研究 Ⅳ. ①H059

中国国家版本馆 CIP 数据核字(2024)第 043790 号

儿童科普文体翻译

ERTONG KEPU WENTI FANYI

李若兰　卿子晔 ◎ 著

□**出 版 人** 林绵优
□**责任编辑** 刘锦伟
□**责任印制** 唐　曦
□**出版发行** 中南大学出版社
社址：长沙市麓山南路　邮编：410083
发行科电话：0731-88876770　传真：0731-88710482
□**印　　装** 长沙印通印刷有限公司

□**开　　本** 710 mm×1000 mm 1/16　□**印张** 15.25　□**字数** 288 千字
□**版　　次** 2024 年 2 月第 1 版　□**印次** 2024 年 2 月第 1 次印刷
□**书　　号** ISBN 978-7-5487-5742-9
□**定　　价** 58.00 元